絶滅の危機にある
しずおか
野生生物図鑑

静岡県レッドデータブック普及版

出版にあたって

静岡県には、世界遺産の富士山をはじめ、ユネスコエコパークの南アルプス、ユネスコ世界ジオパークの伊豆半島、日本最大の汽水湖の浜名湖などに代表される、世界に誇る素晴らしい自然があります。私たち人間は、偉大な自然の力に畏敬の念を抱きつつも、多様な野生生物からもたらされる恵みに感謝し、共に歴史を紡いできました。

しかし、近年の生活様式の変化や科学技術の発達の中で、野生生物と人間の関係は希薄になり、開発による自然環境の急激な変化や外来生物の侵入等が野生生物の生活に大きな影響を与えています。特に、リニア中央新幹線工事による南アルプスへの悪影響について、県内外から懸念の声が寄せられています。

県では、絶滅の危機にある野生生物の現状を調査し、「まもりたい静岡県の野生生物―静岡県レッドデータブック―」にまとめています。

このたび、生物多様性や絶滅の危機にある野生生物について、より多くの皆様に理解を深めていただくため、レッドデータブックの内容を分かりやすく編集した本書を出版しました。生物多様性に富んだ本県の美しく豊かな自然を後世に継承していくためには、私たち一人ひとりの行動が大切です。野生生物の適切な保護、保全を進めるための第一歩として本書を御活用いただくことを期待しています。

令和２年３月

静岡県知事　**川勝 平太**

表紙説明

【　】は静岡県版レッドデータブック 2019・2020 のカテゴリー

本書ではこれらの絶滅の危機にある野生生物を【奥山に住む生物】【里地里山・田園に住む生物】【河川・湖沼・湿地に住む生物】【海岸に住む生物】に分けて図鑑ページに掲載しています。

目　次

Ⅰ　**静岡県の自然環境** ………………………… 7
- **県土の成り立ち** ………………………… 7
- **静岡県の生態系** ………………………… 9
  - 【奥山】 ………………………… 10
  - 【里地里山・田園】 ………………………… 12
  - 【河川・湖沼・湿地】 ………………………… 14
  - 【海岸】 ………………………… 16
- **静岡県の動植物** ………………………… 18
  - 【植物】 ………………………… 18
  - 【菌類】 ………………………… 19
  - 【哺乳類】 ………………………… 20
  - 【鳥類】 ………………………… 21
  - 【爬虫類・両生類】 ………………………… 22
  - 【淡水魚類】 ………………………… 23
  - 【昆虫類】 ………………………… 24
  - 【陸・淡水産貝類】 ………………………… 25
  - 【クモ類】 ………………………… 26

Ⅱ　**生物多様性の概要** ………………………… 27
- **生物多様性とは？** ………………………… 27
- **生物多様性の３つの視点** ………………………… 27
- **生物多様性に迫る４つの危機** ………………………… 28
- **減少する生物** ………………………… 30

Ⅲ　生物多様性に迫る危機 …………………………………… 31

1．第１の危機（開発など人の活動による危機） ……………… 31

（ア）開発による生息・生育地の消失 ……………………… 31

（イ）盗掘・乱獲・踏みつけ ……………………………… 91

2．第２の危機

（自然環境に対する働きかけの縮小による危機） ……… 114

（ア）植林地や耕作地の手入れ不足による機能低下 … 114

（イ）増えすぎたニホンジカによる影響 …………… 115

3．第３の危機（人により持ち込まれたものによる危機） … 160

（ア）外来生物の脅威 …………………………………… 160

（イ）化学物質の脅威 …………………………………… 161

4．第４の危機（地球環境の変化による危機） ……………… 182

（ア）自然災害の増加 …………………………………… 182

（イ）地球温暖化による環境変化 ………………………… 182

5．静岡県の特異な生物 ……………………………………… 198

（ア）静岡県に固有な動植物 ……………………………… 198

（イ）特殊な場所の生物 ………………………………… 204

静岡県レッドデータブック改訂監修委員 …… 208

静岡県自然環境保護調査委員会委員 ………… 208

写真提供者 ………………………………………… 208

索引（図鑑掲載 988 種類）………………………… 210

コラム目次

富士山の成り立ち……………………8
大型哺乳類や猛禽類などの主な生息地… 11
本州で唯一の原生自然環境保全地域… 11
生物多様性の保全上重要な里地里山を選定… 12
多様な生物の生息地となる棚田… 13
生物多様性の観点から重要な湿地を選定… 15
浅海の環境………………………… 17
南アルプスは日本有数のコウモリ生息地… 20
水田は多様な生物のすみか……… 67
湿地は希少生物の宝庫…………… 73
遠州灘海岸とその後背湿地の昆虫類… 85
生態系を保全・再生・創出する… 90
捕獲・採取に関する規制………… 91
ウナギは減っている？………… 111
野生生物を守る………………… 113
奥山に特徴的な生物…………… 131
茶草場農法……………………… 152
草原性生物の衰亡……………… 152
自然とのつながりを維持する… 153
外来生物による希少生物への影響… 167
保護活動のつもりが在来生物を滅ぼす… 167
地球環境の変化による危機（温暖化）… 197
県内固有種、固有亜種………… 199
伊豆にまつわる生物…………… 203
生物多様性を脅かす複合的な影響… 206
生物の記録の大切さ…………… 207

【図鑑ページの読み方】（４種類１ページ）】

住んでいる地域（p.9 ～ 17）参照

奥山に住む生物

ヤマソテツ

種名

CR

静岡県カテゴリー（以下参照）

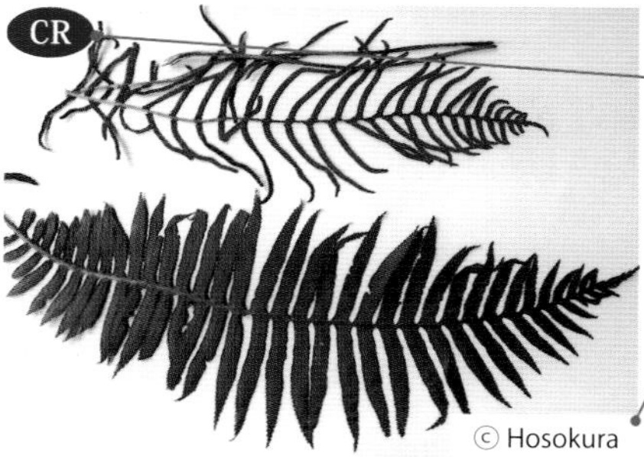

© Hosokura

写真撮影者

深山《みやま》のブナ林などの林下《りんか》に生育します。しばしば群生《ぐんせい》しますが、県内では個体数の少ないシダ植物です。山林伐採などによる、生育環境の変化が減少要因の一つです。
（植物・菌類編 p.39）

種の生態・減少要因など

詳細なレッドデータブックのページ

※本書（普及版）に掲載した種の詳細は、レッドデータブック「植物・菌類編」「動物編」として静岡県ホームページで閲覧できます。
http://www.pref.shizuoka.jp/kankyou/ka-070/wild/red_data03.html

EX	EX	絶滅（静岡県では既に絶滅）
CR	CR	絶滅危惧ⅠA類（ごく近い将来絶滅の危険性が高い）
EN	EN	絶滅危惧ⅠB類（近い将来絶滅の危険性が高い）
VU	VU	絶滅危惧Ⅱ類（絶滅の危険性が増大している）
NT	NT	準絶滅危惧（存続基盤がもろい）
DD	DD	情報不足（評価する情報が足りない）
LP	LP	絶滅のおそれのある地域個体群
N-I	N-I	現状不明
N-Ⅱ	N-Ⅱ	分布上注目種等
N-Ⅲ	N-Ⅲ	部会注目種

絶滅危惧種（p.30 も参照）

【図鑑ページの読み方】（８種類１ページ）】

住んでいる地域（p.9 ～ 17）参照

里地里山・田園に住む生物

静岡県カテゴリー（以下参照）

【第１の危機（開発）】

これらの生物は、開発や森林の伐採などが一因となり、生息・生育環境が破壊され、あるいは悪化し減少したと考えられています。

種の生態・減少要因など

※左上のカテゴリーは p.5 - 6 参照。

種名

ハマハナヤスリ

写真撮影者

EX	EX	絶滅（静岡県では既に絶滅）
CR	CR	絶滅危惧ⅠA類（ごく近い将来絶滅の危険性が高い）
EN	EN	絶滅危惧ⅠB類（近い将来絶滅の危険性が高い）
VU	VU	絶滅危惧Ⅱ類（絶滅の危険性が増大している）
NT	NT	準絶滅危惧（存続基盤がもろい）
DD	DD	情報不足（評価する情報が足りない）
LP	LP	絶滅のおそれのある地域個体群
N-Ⅰ	N-Ⅰ	現状不明
N-Ⅱ	N-Ⅱ	分布上注目種等
N-Ⅲ	N-Ⅲ	部会注目種

絶滅危惧種（p.30 も参照）

Ⅰ　静岡県の自然環境

静岡県は本州のほぼ中央にあり、我が国最高峰の富士山（3,776m）や南アルプス（3,000m以上の高峰《こうほう》5座）の山岳地、広大な面積（約7,777㎢）と長い海岸線（約506km）をもつなど、多様な環境に恵まれています。本県にある豊かな自然をみていきましょう。

▪県土の成り立ち

本県は日本列島のほぼ中央に位置し、南側は遠州灘《なだ》、駿河湾、相模湾に沿った長い海岸線で、北側は富士山や南アルプスなど3,000m級の山々からなる山岳地帯に囲まれています。そして日本でも有数の急流河川である天竜川、大井川、安倍川、富士川などがあり、下流部に扇状地や平野を形成しています。また、南側は広く太平洋に面して、全長115kmの日本一長い砂浜を有する遠州灘海岸があり、その沖合を規模の大きな暖流である黒潮（日本海流）が東方へと流れています。

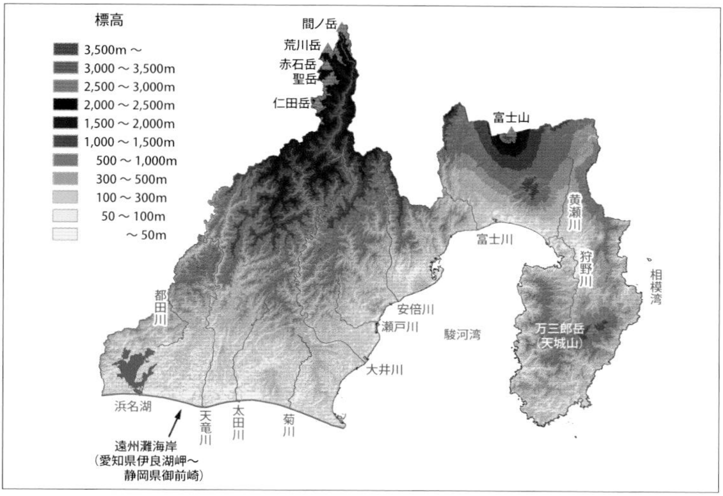

静岡県の地形

〔資料：国土地理院　基盤地図情報　数値標高モデル〕

日本列島の周辺には４枚のプレート（地球の表面をおおう薄く硬い岩石の殻《かく》）があり、静岡県付近ではそのうち３枚のプレートが接しています。大部分は大陸性のユーラシアプレート・北米プレートですが、南側のフィリピン海プレートは海洋性で大陸性のプレートより重く、下に沈み込んで、日本一深い駿河湾をつくっています。しかし、軽く堅硬な伊豆半島は沈み込まずに本州と衝突しています。富士山は３枚のプレートの境界に位置し、太平洋プレートがフィリピン海プレートに沈み込み生じた火山列島の北端にあります。南アルプスはその火山列島が本州に衝突してできたといわれています。

これらの高い山々と深い海が、県内の複雑な気候を生み出しています。そして、このような地史や気候は、静岡県における生物の分布を決定づける大きな要因になっています。

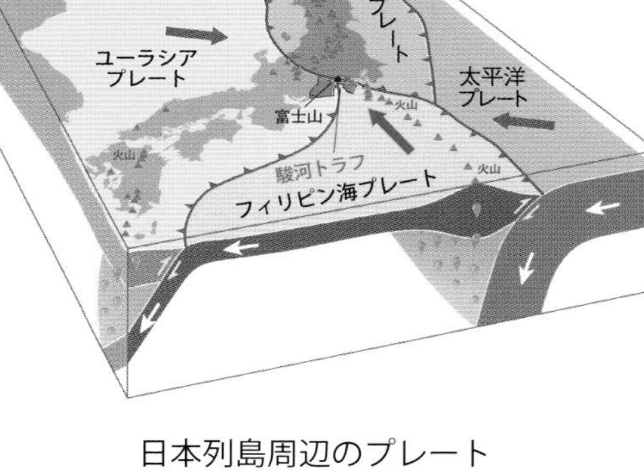

日本列島周辺のプレート
〔資料：伊豆半島ジオパーク推進協議会資料の一部を加筆〕

コラム

富士山の成り立ち

富士山は、数十万～十万年前に噴火した複数の火山の上に、約１万年前から活動が続く「新富士火山」の噴出物が重なり、今の形になっています。

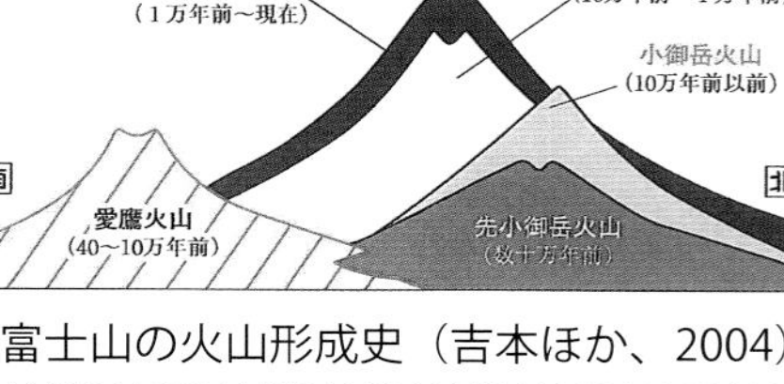

富士山の地下構造
〔資料：掘削試料から見た富士山の火山形成史（吉本ほか、2004）〕

▪ 静岡県の生態系

「生態系」とは、ある一定の地域に住むすべての生物群集と、それを取り巻く環境（地形、土壌、気候、土地利用など）とを含めたまとまりを指します。

県内の生態系は、その生物群集および人間の活動の観点から、都市部を除き「奥山」「里地里山・田園」「河川・湖沼・湿地」「海岸・海洋」に大きく区分してとらえることができます。

県内の土地利用は、都市近郊の農地が減少して宅地などが増加する傾向にあります。その農地の減少は生物多様性に大きな影響を与えます。

ここでは、都市を除く豊かな自然を代表している４つを中心に紹介します。なお、人の手が入った湿地環境である水田は、本書では「河川・湖沼・湿地」に含めました。一部の里山に近い水田は、「里地里山・田園」に含めました。

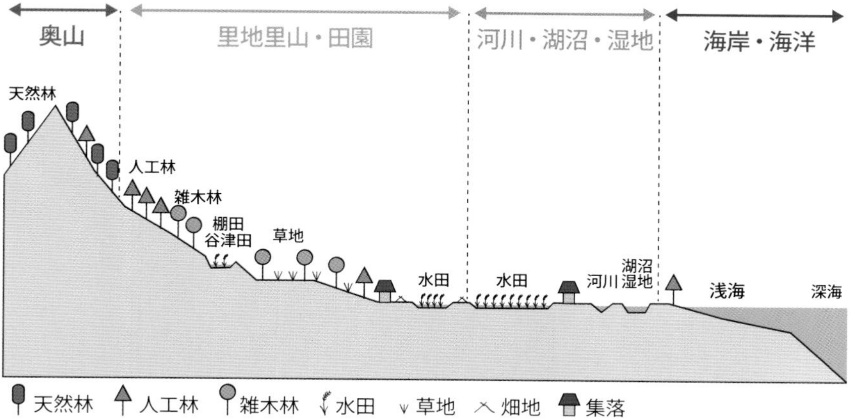

生態系区分の断面イメージ

〔資料：農業環境技術研究所成果発表会　豊かな生物相をはぐくむ農業を探る（山本勝利、2006）を参考に作図〕

【奥山】

奥山は、標高が概ね 800m 以上と高く、人の手があまり入っていない山間地を指します。静岡県では、主に富士山や南アルプス周辺が該当します。標高によって生育する植物や植生（植物集団の種類）が異なります。

南アルプスの高山帯ではコケモモやハイマツなどの背の低い植物があり、富士山の高山帯では、ハイマツの代わりに本来は高木となるカラマツが低木になって生育します。そこから少し降りた亜高山帯では、シラビソやオオシラビソ、コメツガなどの常緑針葉樹林となり、さらに少し降りるとブナなどの落葉広葉樹林などに代表される天然林が分布します。

奥山の環境は、長い年月を経て形作られたもので、原生の自然が残されています。一度失われると回復が難しいことが多く、特に高山と特殊な岩場は厳しい環境条件で特有の種類が生息・生育しており、環境の変化にもろいことが特徴です。

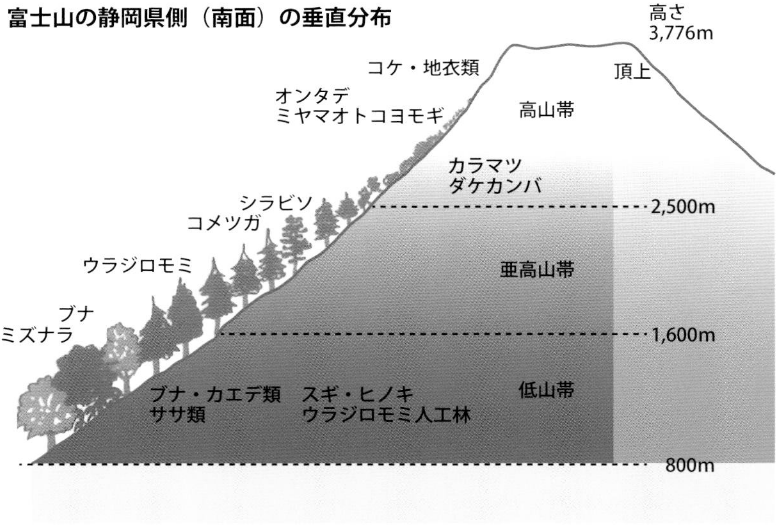

富士山の植生の垂直分布

〔資料：富士山の自然と恵み（静岡県ホームページを参考に作図）〕

ハイマツ林

高茎《こうけい》草地

ダケカンバ林

オオシラビソ林

コメツガ林

落葉広葉樹林

コラム

大型哺乳類や猛禽《もうきん》類などの主な生息地

奥山には広大な森林地域があり、ツキノワグマ、ニホンカモシカなどの大型哺乳類や、イヌワシ、クマタカなど行動圏の広い猛禽類の中心的な生息地となっています。

ツキノワグマ

コラム

本州で唯一の原生自然環境保全地域

大井川源流部の寸又《すまた》川上流域には、自然環境保全法に基づく原生自然環境保全地域「大井川源流部」があります。このエリアは、人の活動によって影響を受けることなく原生状態を維持している地域を指していて、日本にあるわずか５地域のうちの１ヶ所という大変貴重な場所です。

大井川源流部

【里地里山・田園】

里地里山・田園地域は、奥山地域と人の活動が集中する都市地域との間にあります。古くから人間の暮らしを通じた自然環境が形作られてきました。

私たちの祖先は、自然の特性を活かし、常に手を加えながら、雑木林、竹林、人工林、耕作地、草地などを維持し、長く利用してきました。この地域には、それらの様々な植生が山々と谷、湿地などに広がり、多様な環境が混在する二次的自然という特有の生態系が成立しています。

この地域の環境は、人が手を加え続けて維持されてきたため、人が管理を放棄すると維持されない環境です。

また、里地里山には、人々が守ってきた自然の森「鎮守《ちんじゅ》の森」があり、シイ・カシ林などの自然植生が残されています。

コラム　生物多様性の保全上重要な里地里山を選定

環境省では、2015 年（平成 27 年）に「生物多様性保全上重要な里地里山」500 ヶ所を選定しました。多様で優れた二次的自然環境、特有で多様な野生動植物、生態系ネットワーク形成の 3 つの基準が柱です。

- 浜松市西区（佐鳴《さなる》湖里山保全地区）
- 浜松市浜北区（静岡県立森林公園）
- 富士宮市（柚野《ゆの》）
- 富士宮市（猪之頭《いのかしら》：小田貫《こだぬき》湿原）
- 掛川市、袋井市、磐田市（遠州南部地区）
- 掛川市（茶草場《ちゃぐさば》）
- 牧之原市（水ヶ谷池・赤坂池）
- 東伊豆町（稲取細野《いなとりほその》高原）
- 松崎町（石部の棚田）

里地里山の風景（松崎町）

以下の写真は、里地里山の代表的な植生です。これら様々な植生がモザイク状に混在することにより、多様性のある環境となります。

アカマツ林

落葉広葉樹林

スギ・ヒノキ人工林

常緑広葉樹林

竹林

草地

コラム

多様な生物の生息地となる棚田

農山村地域の伝統的な風景である棚田は、食料生産の場としてだけでなく、美しい景観や豊かな生態系の保全、洪水の防止などの多面的な機能を有しています。

棚田は、土でできた水路とつながっていて、ミズカマキリやマルタニシ、ホトケドジョウなどの生物が水路と田んぼを行き来して生息し、繁殖の場ともなっています。

菊川市倉沢の棚田
(静岡県棚田等十選)

【河川・湖沼・湿地】

静岡県は、南アルプスや富士山から駿河湾まで、標高差 3,000m を有しているにもかかわらず、山と海岸との距離が短いことから、大きな河川のほとんどが急流です。

主な河川となる富士川、安倍川、大井川、天竜川は東海型河川と呼ばれ、上流・中流には険しい山岳地があり、河口近くまで山に囲まれているため、大量の土砂を供給し続けており、下流には広大な石の多い河原が広がっています。他県にみられるような河口部の砂泥《さでい》地が少ないのが特徴です。これらの河川は、奥山の渓流や中間渓流、平地流などさまざまな様相をもち、それぞれに対応した環境と生物相を有しています。

これらの河川に生息・生育する生物は、もともと洪水などでかく乱される環境に生きており、そのような環境に依存する生物です。

奥山の渓流

中間渓流

平地流

前記の東海型河川の他には、狩野川、菊川、太田川、都田川などの下流部が砂泥地となる緩やかな河川があります。これらの河川には干潟をはじめ特有の生態系が成立しています。また、伊豆半島には白田川など、急流のまま海に注ぐ河川も多くあります。

太田川河口部干潟

菊川下流

伊豆　白田川

県内には全国第10位の面積をもつ浜名湖のほか一碧《いっぺき》湖、田貫《たぬき》湖、桶ヶ谷《おけがや》沼、佐鳴《さなる》湖、桜ヶ池や丹野《たんの》池などの湖沼やため池があります。これらの湖沼などでは地域固有の生態系が形成されています。また、県内の湿地には西部の蛇紋岩地域などに分布する湿地、中部の麻機《あさばた》遊水地、東部の浮島《うきしま》ヶ原、伊豆の細野高原の湿原群、西伊豆逆川《さかさがわ》湿地、蛇石《じゃいし》湿原などがあり、そこには多くの湿地性生物が生息・生育しています。

奥浜名湖

浮島ヶ原

田貫湖

コラム 生物多様性の観点から重要な湿地を選定

環境省では、2001年（平成13年）に生物多様性保全の観点から重要な湿地「日本の重要湿地500」を選定しました。その後、環境の変化や新たな知見により見直しされ、2016年（平成28年）には633ヶ所が選定されました（県内では13ヶ所）。

- 初島周辺沿岸
- 伊豆半島南東部沿岸
- 伊豆半島西部沿岸
- 柿田川湧水群
- 小田貫湿原
- 猪之頭湧水群
- 麻機遊水地
- 大井川中流域
- 御前崎周辺沿岸
- 遠州灘海岸
- 桶ヶ谷沼および鶴ヶ池
- 浜名湖
- 浜名湖周辺湧水湿地群

麻機遊水地

桶ヶ谷沼

柿田川湧水群

【海岸】

本県には砂浜海岸や岩石海岸があります。砂浜海岸は、主に西部から東部の遠州灘海岸と駿河湾沿いに分布しています。岩石海岸は伊豆半島のほか、御前崎海岸や大崩《おおくずれ》海岸にあります。

砂浜海岸は強風による砂の移動、強い紫外線、乾燥、高温、潮風など、生物にとっては厳しい環境ですが、それに適応した砂地に特有の植物（ハマボウフウ、ケカモノハシ、ハマヒルガオ、ハマゴウ、コウボウムギなど）が生育するほか、ハマスズ、ヤマトバッタなど砂浜と同じような色をした昆虫類が生息しています。

また、海岸沿いの千本松原や三保《みほの》松原、遠州灘海岸などには、先人たちが大切に管理してきたクロマツの海岸林があります。これらの海岸林は防風林、飛砂《ひさ》・潮害防備林として私たちの生活を守りながら、海岸の生物のすみかとして貴重な存在となっています。

砂浜海岸

ハマゴウの群落

ハマボウフウ

千本松原

ハマスズ

ヤマトバッタ

岩石海岸沿いには、クロマツ林やシイ林が発達するほか、岩の多い場所にウバメガシ林が分布しています。また、岩礁の潮溜まりは様々な生物の生息場所になっていて、ハゼ類などの小魚、イソガニやイソスジエビなどの甲殻類、タマキビやカサガイ類などの貝類、ウミトラノオやアオサなどの海藻類など、様々な生物が観察できます。

岩石海岸

クロマツ林

ウバメガシ林

磯《いそ》

海草上の貝類

ハゼ類

コラム

浅海《せんかい》の環境

浜名湖や伊豆半島、榛南《はいなん》地域などの海岸近くには、藻《も》場《ば》（海草・海藻の集団）が分布します。岩場にはガラモ場、アラメ・カジメ場、テングサ場、浜名湖や御前崎などの砂地にはアマモ場などが見られ、海藻の種数は全国有数といわれています。このような藻場には多くの小動物が生息し、海の生物多様性を豊かなものにしています。

アラメ海中林
〔写真提供：石橋英二氏
㈱東海アクアノーツ)〕

浜名湖では、CO_2 吸収の植物帯としてアマモ場を再生・創出する活動を進めています。

▪ 静岡県の動植物

豊かな自然環境の中で、本県には多くの生物が生息・生育しています。

【植物】

植物は約 4,000 種類が確認され、大変豊かです。中央構造線やフォッサマグナの地質構造を反映して、植物の区系地理学でフォッサ・マグナ地区やソハヤキ地区と呼ばれている地域は本県の植物分布を特徴づけています。フォッサ・マグナ地区ではフジアザミ、アシタカツツジ、サンショウバラ、マメザクラ、オトメアオイなど、伊豆ではイズカニコウモリ、アマギカンアオイなどの伊豆固有の植物がみられます。ソハヤキ地区ではモチツツジ、ヒメシャラ、シコクスミレなどの遺存《いぞん》植物（かつて繁栄していたが、現在はかぎられた場所に生き残っている植物）がみられます。

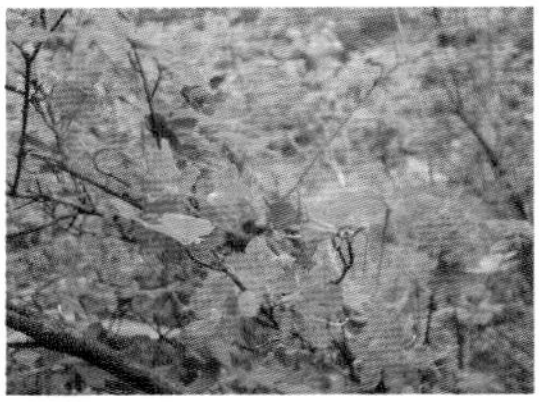

アシタカツツジ

モチツツジ

植物区系

〔資料：日本の植物区系（前川文夫、1977）に加筆〕

【菌類】

菌類（キノコ類）は1,298種類が確認されています。菌類は従属栄養生物（生育に必要な有機物を他の生物から取り入れる）で、腐生《ふせい》菌、共生菌、寄生菌と栄養の取り方の異なる多様なキノコが、県内の様々な自然環境のもとで生育しています。

スナヤマチャワンタケは海岸砂地で海浜植物の枯れた根を腐らせて、クチキトサカタケは奥山のブナ倒木から栄養を得る腐生菌（生物の遺体から栄養をとる菌）です。冬虫夏草類のベニイロクチキムシタケは倒木内に生息する甲虫の幼虫に寄生します。アシグロニオイイグチは高山帯でハイマツと菌根《きんこん》共生（植物の根に菌類が侵入して栄養を供給し合う）しています。

自然性の高い砂浜海岸、林内の湿地、老齢樹を含む様々な樹齢、多様な樹種が生育する天然林などの生育環境は、開発、伐採、人工林化などによって減少しており、近年は温暖化の影響も脅威です。

また、人の生活により生育環境が維持されてきた種が、松枯れや管理放棄による生育環境の悪化・遷移の進行によっても影響を受けています。里山のアカマツ林に生育するマツタケ、海岸のクロマツ林に生育するショウロなどはその代表といえます。

スナヤマチャワンタケ

クチキトサカタケ

ベニイロクチキムシタケ

アシグロニオイイグチ

マツタケ

ショウロ

【哺乳類】

哺乳類は60種類確認されていて本州に生息するほとんどの種が生息しています。南アルプスや富士山を中心にツキノワグマ、ニホンジカ、ニホンカモシカ、イノシシなどの大型獣類が生息するほか、県内に広くアカギツネやニホンイタチなどの獣類が分布しています。

コウモリ類はノレンコウモリ、ニホンウサギコウモリなど18種類が生息していて、山地の樹林帯、溶岩洞くつ、採石跡洞くつが重要な生息場所となっています。一方で、外来種、特にアライグマ、クリハラリス（タイワンリス）などの分布拡大がタヌキなどの在来種への大きな脅威となっています。

ニホンカモシカ

アカギツネ

ニホンイタチ

コラム

南アルプスは日本有数のコウモリ生息地

南アルプスは、本州に分布するコウモリのほとんどが生息する、国内有数のコウモリ類多様性の高い地域です。日本では、30種類以上のコウモリ類が確認されており、南アルプスでは今までに15種類のコウモリ類が確認されています。

ヒメホオヒゲコウモリ

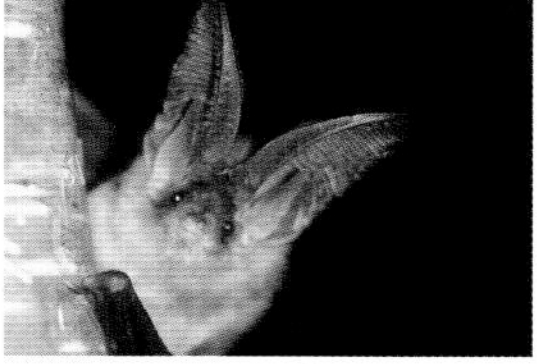
ニホンウサギコウモリ

【鳥類】

鳥類は 421 種類が確認されています。静岡県は本州のほぼ中央に位置し、標高 0m の海岸から、標高 3,000m 以上の富士山や南アルプスまで日本一の標高差があり、森林や水田、多くの河川、長い海岸線など多様な生息環境を有しています。そのため、オジロワシなど北日本に生息する種やアジサシ類などの南日本に生息する種が観察されたり、渡り鳥の通過コースに当たることなどから、全国的にみても鳥類の種類は豊富です。

南アルプスにはライチョウなど日本の高山を代表する鳥類が生息し、ブナなど自然林が見られる山岳地にはアカゲラ、ルリビタキなどが繁殖しています。西部を中心とした里山環境にはサンコウチョウ、オオタカなどの主な生息地が広がっています。

また、シギ・チドリ類、カモ類など広い湿地に依存する鳥類も主に西部に偏っているなど、地域ごとに鳥類の種類は異なっています。

アカゲラ

オオタカ

コアジサシ

ライチョウ

アマサギ

サシバ

【爬虫類・両生類】

爬《は》虫《ちゅう》類は 19 種類が確認されています。カメ類のうち、ニホンイシガメやニホンスッポンは各地の池や河川に生息しています。アカウミガメは、遠州灘海岸などに産卵に訪れます。水田や畑などではアオダイショウやヤマカガシ、山間部ではマムシなどをみることができます。ヒガシニホントカゲとオカダトカゲは県内東部付近を分布の境界とし、分布上注目されています。

両生類は 21 種類が確認されています。サンショウウオ類は、3 種類が豊かな森林が残された渓流周辺に生息しています。しかし、道路や砂防ダムの建設により生息環境の悪化が懸念されています。カエル類では山地部にはネバタゴガエル、モリアオガエルなどが生息し、水田地帯周辺にはナゴヤダルマガエル、ニホンアカガエルが分布しています。これらも農地整備や宅地などの開発により急速に数を減らしています。

ニホンイシガメ

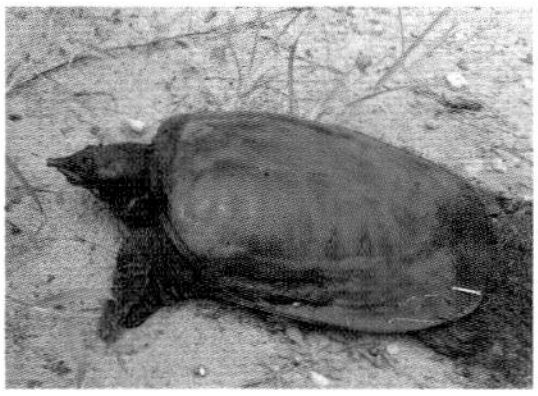
ニホンスッポン

オカダトカゲ

トノサマガエル

ハコネサンショウウオ

ニホンアカガエル

【淡水魚類】

県内には、アユ、オイカワ、ミナミメダカ、ヨシノボリ類など186種類の淡水魚類が生息しています。本県は東西に広く、西部の天竜川や太田川では、一生を淡水域で過ごすオイカワやカワムツなどの純淡水魚や、海水が混ざる河口に生息する汽水魚・海水魚が多く生息しているため、魚種が非常に多様です。一方で、東部の伊豆地域の河川では、生活史の中で川と海を行き来するアユ、アユカケ（カマキリ）、ボウズハゼなどの回遊魚が主にみられ、純淡水魚が少ないという特徴があります。また、県中部には急流の河川が多いため、汽水域があまり発達せず、河口近くまで中流域のような環境の河川がみられます。

しかし、ダムや堰堤《えんてい》などの横断工作物が設置されている河川では、上流域に生息するヤマトイワナやアマゴの生息地が分断されたり、回遊魚の遡《そ》上《じょう》が阻害されているなど、河川の連続性がなくなる問題があります。ヤマトイワナやアマゴは他地域の個体群の放流による交雑で、在来種の遺伝的かく乱の問題も生じています。

オイカワ

アユ

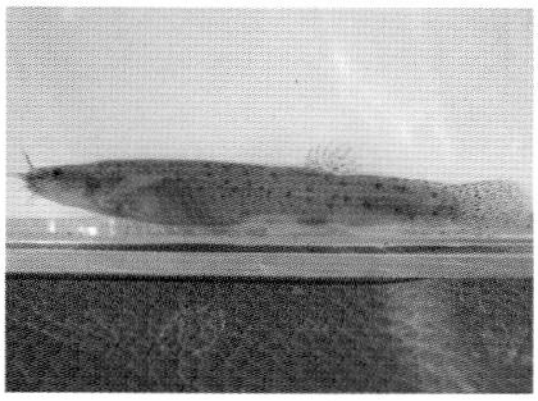

ホトケドジョウ

ヤマトイワナ

アユカケ

シマヨシノボリ

【昆虫類】

昆虫類は 8,440 種類が確認されています。南方系から北方系に至る多くの種が生息し、コウチュウ目、チョウ目（チョウ類)、トンボ目、バッタ目は全国上位の種数で、きわめて豊かな昆虫相を呈《てい》しています。

富士山麓には広大な草地が広がり、ヒメシロチョウ、ゴマシジミ、アサカミキリ、オオクサキリなどの草地性の種が見られます。南アルプスには分布南限となるクモマツマキチョウや固有種テカリダケフキバッタなどの高山性昆虫が生息しています。また、西部には湿地や池沼《ちしょう》が点在し、ヒメヒカゲやハッチョウトンボ、ゲンゴロウやタガメなどが生息しています。海岸線にはカワラハンミョウ、オオヒョウタンゴミムシ、オオスナゴミムシダマシなど砂浜に特有の種が生息します。

現在、本県で減少が心配されている昆虫の多くは、里地里山の雑木林で見られるギフチョウ、草地に生息するアサカミキリやゴマシジミなどです。また、平地の池沼に生息するベッコウトンボやキトンボなどのトンボ目、ゲンゴロウなどのコウチュウ目、タガメなどの水生のカメムシ目など、人による管理によって維持される環境に主に生息する昆虫も減少が心配されています。

テカリダケフキバッタ

カワラハンミョウ

ベッコウトンボ

ゴマシジミ

ヒメヒカゲ

ゲンゴロウ

【陸・淡水産貝類】

陸・淡水産貝類は213種類が確認されています。ニッポンマイマイやヒダリマキゴマガイなどは全域に広く分布しています。

伊豆半島固有のメルレンドルフマイマイ、紀伊半島と伊豆半島の２ヶ所に離れて分布するベニゴマガイ、伊豆半島と県東部から神奈川県西部にのみ分布するスルガギセル、県西部の石灰岩地に固有のミカワマイマイやオモイガケナマイマイなどのように分布が限られている種もいます。

海岸にはヤマトクビキレガイ、湿地にはナタネキバサナギガイなどが生息しています。淡水産では、モノアラガイやマルタニシのように池沼や水田に生息する種、カワニナのように河川に生息する種がみられます。

陸・淡水産貝類は移動能力が低く、環境変化に対する適応能力の低い種が多いため、開発やニホンジカの増加に伴う食害による下層植生の消失などに起因する生息環境の変化や生息地の孤立化によって、減少傾向にある種が多くあります。

ニッポンマイマイ

ベニゴマガイ

スルガギセル

モノアラガイ

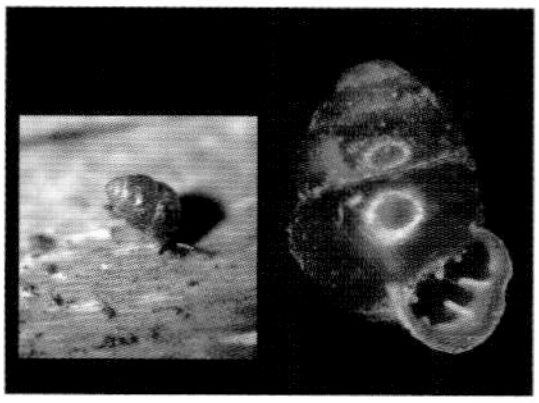

ナタネキバサナギガイ

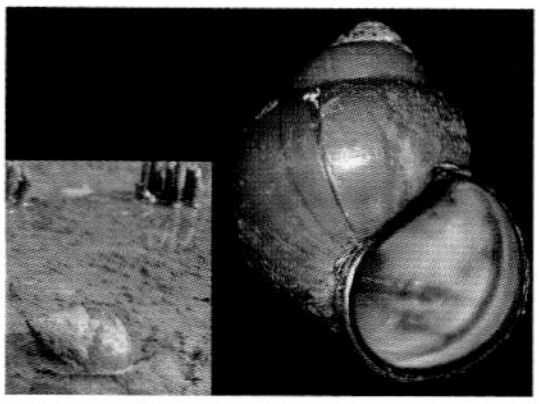

マルタニシ

【クモ類】

クモ類は日本産（日本に記録されている在来種）のおよそ1/3にあたる510種類が確認されています。エゾコモリグモ、キヌキリグモ、タカネエビスグモをはじめとした北方系の種が南アルプスや富士山といった高山域に多く生息するのが特徴です。一方でキジロオヒキグモやホシスジオニグモなど南方系の種は、暖かな海岸沿いなどに多く生息しています。

海岸の磯にはイソハエトリ、砂浜にはスナハマハエトリといった特殊な種が生息しています。また、シマゴミグモやギンメッキゴミグモのように、クモの巣にごみを並べて姿をまぎらす種もみられます。

エゾコモリグモ

キヌキリグモ

タカネエビスグモ

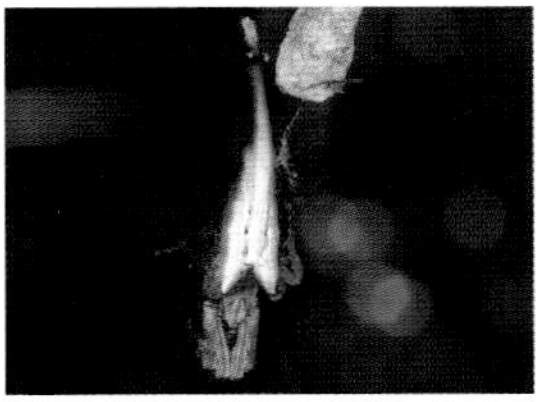

キジロオヒキグモ

ホシスジオニグモ

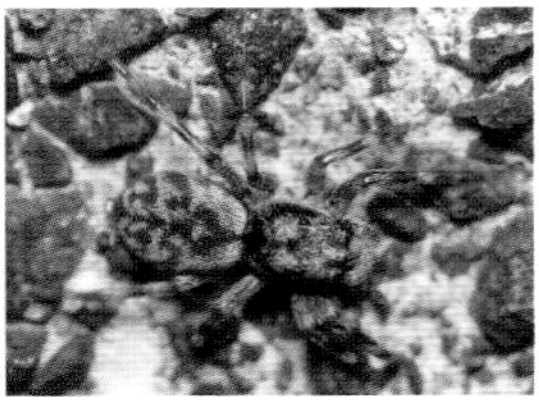

イソハエトリ

スナハマハエトリ

シマゴミグモ

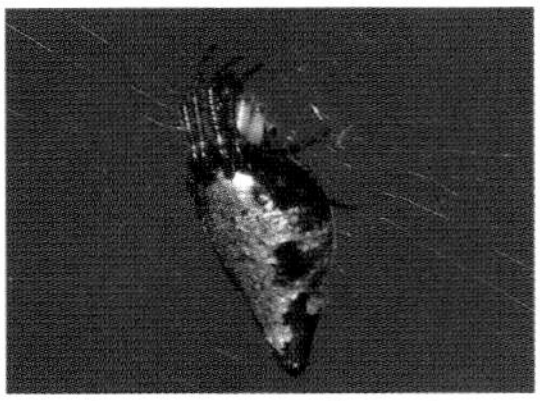

ギンメッキゴミグモ

Ⅱ　生物多様性の概要

▪ 生物多様性とは？

地球上には、名前がついているもので175万種類、名前のついていないものも含めると３千万種類の生物がいるといわれています。これらの生物は、互いに関係しあいながら、数十億年以上という大変長い年月の中で様々な環境に適応し、多様な種に進化してきました。

このように多くの種類の生物がいて、それらが様々な形でつながりあっています。私たち“ヒト”もその生物の一つであり、他の生物とつながりながら生きているのです。

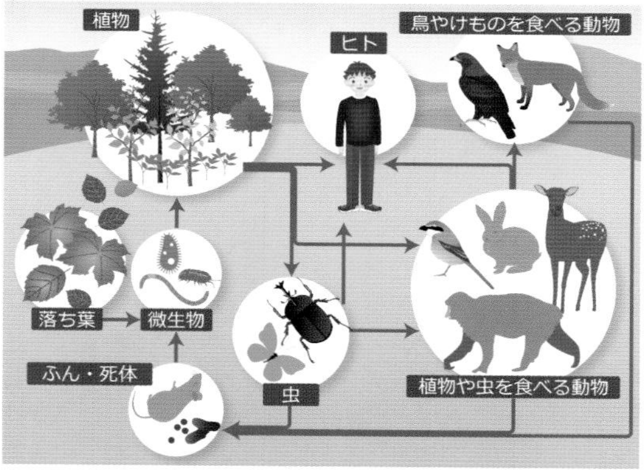

▪ 生物多様性の３つの視点

生物多様性とは、生物が多様に存在するという意味ですが、これは、「遺伝子の多様性」「種の多様性」「生態系の多様性」という３つの視点を含んでいます。

遺伝子の多様性

同じ種でも、もっている遺伝子に違いがあり多様であることをいいます。

種の多様性

植物や動物、菌類などの様々な種が生息・生育していることをいいます。

生態系の多様性

森林や草地、河川などいろいろなタイプの生息・生育環境があることをいいます。

▪ 生物多様性に迫る４つの危機

人間の活動は生物の生息・生育に少なからず影響を及ぼしますが、近年、その影響が急激に大きくなり危機的になっています。

その要因はさまざまですが、日本では環境省により以下の４つの要因に大別されています。これら４つの危機は互いに関係しあいながら生物多様性に迫っています。

▼第１の危機
（開発など人の活動による危機）

「開発」とは、森林伐採、住宅・工場用地、農地などの造成のための土地の改変、河川の改修、池沼や沿岸部の埋め立てや護岸の整備、農地の圃《ほ》場《じょう》整備（作業しやすいように区画や用排水路を整備すること）などの人間の活動行為をいいます。

また、人間の活動には、生物を無差別に採集したり、生物のすみかに踏み込んで荒らしたりする「盗掘・乱獲・踏みつけ」があります。

このような行為は、生物やそのすみかを奪ってしまうため、要因としては最も直接的です。

※ p.31 から詳しく紹介

▼第２の危機
（自然環境に対する働きかけの縮小による危機）

第１の危機とは逆に、これまで長い間、人の暮らしとの関わりで成り立った自然環境が、管理されなくなったことにより維持できなくなることをいいます。

以前の暮らしでは、定期的に雑《ぞう》木《き》林《ばやし》や草地などを必要に応じて利用してきましたが、近年は人が里地里山の暮らしから遠ざかりつつあります。

雑木林や草地を利用しなくなると、林内は暗くなり草地の草丈は伸びすぎるなど環境が変わり、元の限られた環境にいた生物は住めなくなってしまいます。

※ p.114 から詳しく紹介

本書では４つの危機に分けて生物を紹介していますが、必ずしもどれかの危機にあてはまるものではなく、１つの例として示したものです。

▼第３の危機
（人により持ち込まれたものによる危機）

自然の中にもともといなかった生物（外来生物）が持ち込まれると、そこの在来生物のすみかが奪われたり、捕食されたりすることがあります。交配によって遺伝的な変化がおこることもあります。

また、農薬などの化学物質が持ち込まれ、その毒性によって生物の生存や繁殖に悪影響を及ぼしたり体内に蓄積して奇形になるなどの影響が発生することがあります。近年は多量の廃棄プラスチック類などによる影響も発生しています。

このような現象は、外来生物が急増して在来生物がいなくなったり、化学物質の毒性が何世代にもわたり影響を及ぼすなど、生物にとても長い期間影響を及ぼすことが知られています。

※ p.160 から詳しく紹介

▼第４の危機
（地球環境の変化による危機）

各種の報告では、地球の温暖化は疑う余地がないとされています。

地球の気温上昇によって、大きな影響を受けるであろうと考えられている代表的な場所は高山です。高山では特有の高山植物がありますが、地球温暖化が開花時期やその成長に変化をもたらす可能性があります。高山の樹林化や高山草地の縮小・乾燥化が懸念されています。

また、低い山や平地においても、気候変動には降雨量の変化も伴い、土地の乾燥化や土砂流出などを招き、生物をとりまく環境の変化をもたらす可能性が懸念されています。

増えた二酸化炭素が海水中に多く溶け込んで水質を酸性に変えてしまうことも指摘されています。

※ p.182 から詳しく紹介

▪減少する生物

これまで確認されていた生物が、ある地域でいなくなったり、数が減ったりするという問題が起きています。それらを減少の程度などによってランク付けしたものをレッドリストと呼んでいます。また、それらを保全するために作成した基礎資料をレッドデータブックといいます。

環境省が公表しているレッドリスト種のうち、陸上の生物では約5万9千種類の約6%が絶滅危惧種（絶滅のおそれのある種）にあげられています。レッドリスト種のうちCR、EN、VUに該当するカテゴリー（p.5参照）の種が絶滅危惧種となります。

静岡県内の生物にも絶滅の危機が迫っています。特に両生類（絶滅のおそれのある種の割合：26%）、魚類（同：16%）、陸・淡水産貝類（同：15%）、植物（同：12%）、鳥類（同：13%）などはその比率が高くなっています。2004年（平成16年）度の「静岡県版レッドデータブック」と2018年（平成30年）～2019年（令和元年）度のものを比べると、特に魚類は12%から16%に増加しています。

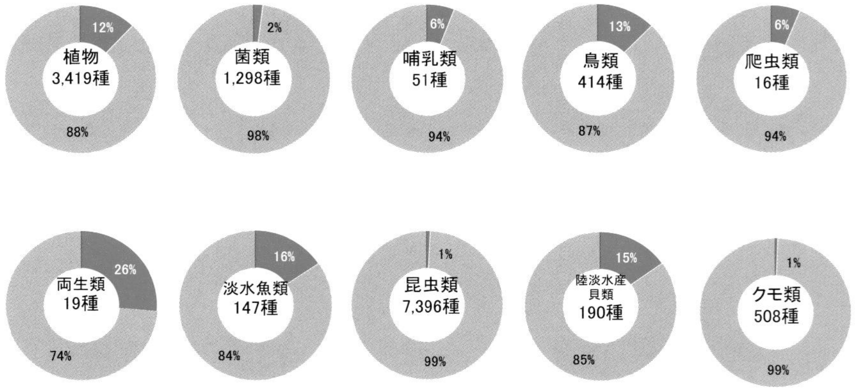

県内の絶滅のおそれのある種の割合（調査対象〈県内在来種など〉に対する割合）
〔資料：静岡県レッドデータブック2020（静岡県、2020年）〕

Ⅲ　生物多様性に迫る危機

1．第１の危機（開発など人の活動による危機）

（ア）開発による生息・生育地の消失

ここでは、私たち人間が行っている「開発」を考えます。

私たちは、これまでより安全で便利な環境を求め、また生活に必要な水や電気を確保するため、山や里、海の恵みを得ながら、自然環境を開発して暮らしてきました。

森林伐採・造成

「開発」とは、森林を伐採し、山や谷を平らにしたり、湿地・池沼や海を埋め立てるような行為をいいます。新しい道路や住居などを建設すると、そこに住んでいる生物の生育・生息環境を奪ってしまうことになります。また、遠くへ移動できない生物は逃げ出すことができず、死んでしまいます。「開発」には、私たちの暮らしを守るために行ってきた治水対策（土砂崩れや洪水を防ぐこと）も含まれます。治水対策では、河道《かどう》が直線化され川岸と川底がコンクリートで固められることがあり、水中や川岸の植物、石の間に住んでいた魚や水生昆虫がいなくなってしまうことがあります。

コンクリートで固められた河川

また、「開発」には、農地の圃場整備（作業しやすいように区画や用排水路を整備すること）も含まれます。圃場整備が行われると、多くの湿地性の生物は、環境悪化や移動阻害により生息・生育できなくなってしまいます。

圃場整備された水田

海岸の浸食

川や海岸の砂は元々、山の岩石が川の水とともに押し出されて細かくなり堆積したものです。川は豪雨によって度々氾濫《はんらん》するため、私たちの暮らしを守るために、砂防ダムが建設されています。それらの行為によって、川から海に流れ出す土砂の量が減少し、その結果、海岸の砂が減って荒波で削られる海岸浸食が広く発生しているのです。

海岸に砂を持ち込んでいるところ（養浜）

海の玄関である砂浜の海岸は貴重な環境です。そのため、高潮、浸食、波浪、津波などから県内の海岸を守る事業として養浜《ようひん》作業や波消しブロックの設置を実施しています。浸食された砂浜は、アカウミガメにとっても決して産卵に良好な環境ではありません。一方で、波消し用ブロックは移動の妨げになることもあります。これらのように私たちの暮らしを守るための「開発」が、そこに住んでいる生物にとっては、やり方によっては逆に生息・生育地を壊す結果になってしまうことがあります。

漂着ゴミ（海岸）

このほか、砂浜や磯などの海岸に打ち寄せられる漂着ごみや捨てられた釣り糸・釣り針などにより、生物の生息環境は悪化しています。

私たちは、人間の暮らしを守り、快適にすることと同じように、生物のすみかをできるだけ守り、希少な生物と共存できるように考えていく必要があります。

波消し用ブロック

奥山に住む生物

ヤマソテツ

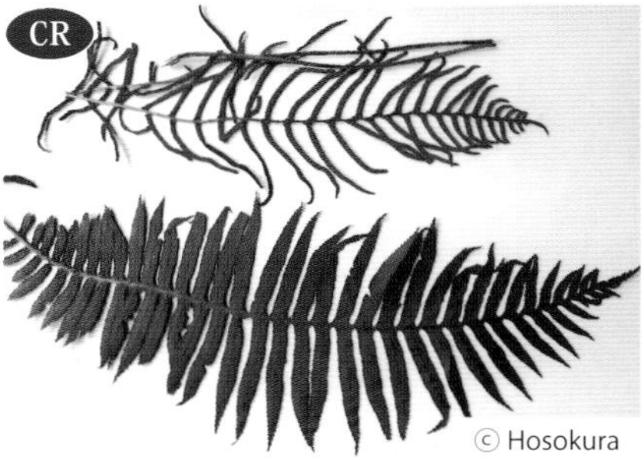

ⓒ Hosokura

深山《みやま》のブナ林などの林下《りんか》に生育します。しばしば群生《ぐんせい》しますが、県内では個体数の少ないシダ植物です。山林伐採などによる、生育環境の変化が減少要因の一つです。

（植物・菌類編 p.39）

キタダケオドリコソウ

ⓒ Sugino

標高 1,400 ～ 2,300m の、沢筋の林《りん》縁《えん》や草地の湿ったところに生育します。樹林化や洪水や土石流による流失が主要因ですが、林道開発による環境変化も減少要因の一つです。

（植物・菌類編 p.224）

フトクビクチキムシタケ

ⓒ Otsuka

甲虫の幼虫に寄生する冬虫夏草（昆虫病原菌）です。冷涼かつ湿度の高いブナ林などの倒木中に発生します。発生環境である広葉樹林の樹種転換に伴う伐採などで、生育環境が悪化する可能性があります。

（植物・菌類編 p.406）

ツノシメジ

ⓒ Ogura

広葉樹の枯死木に発生するキノコです。冷温帯河岸林内の湿度が保たれる倒木に生育しています。道路建設などの開発により生育地が消失する可能性が考えられます。

（植物・菌類編 p.409）

オオカボチャタケ

© Ikegaya

ミズナラなどのナラ類の枯死木を腐らせて栄養を得ますが、写真では生木幹の傷口に侵入しています。冷温帯上部の自然林内に生育しており、伐採による自然林内のミズナラの減少が減少要因の一つです。

（植物・菌類編 p.451）

ケショウシロハツ

© Ikegaya

ヤマナラシ属植物と菌根共生するキノコです。県内の確認は冷温帯の河岸林を形成するドロノキ林内です。ドロノキ群落の伐採が脅威となります。

（植物・菌類編 p.454）

ミズラモグラ

© Miyake

低山帯から高山帯までの森林に生息するモグラです。森林伐採や生息地周辺の大規模な改変は生息への脅威となります。

（動物編 p.52）

クビワコウモリ

© Miyake

南アルプスと富士山に記録がある森林性のコウモリです。個体数は少なく局所的に分布している可能性があり、自然林の伐採や開発行為がねぐらの減少を招きます。

（動物編 p.41）

奥山に住む生物

【第１の危機（開発）】
これらの生物は、開発や森林の伐採などが一因となり、生息・生育環境が破壊され、あるいは悪化し減少したと考えられています。

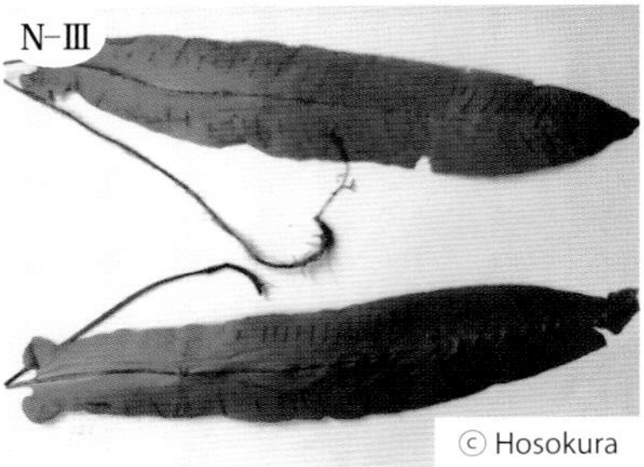

ⓒ Hosokura

コタニワタリ

※左上のカテゴリーは p.5 - 6 参照。

ⓒ Naito

クラガリシダ

ⓒ Naito

オドリコテンナンショウ

ⓒ Naito

シコクヒロハテンナンショウ

ⓒ T.Kato

ミスズラン

ⓒ Miyazaki

オノエラン

ⓒ Naito

スルガスゲ

オオカラマツ

タマカラマツ

チシマネコノメソウ

サンショウバラ

カラハナソウ

ジゾウカンバ

コマイワヤナギ

ミヤマスミレ

奥山に住む生物

【第１の危機（開発）】
これらの生物は、開発や森林の伐採などが一因となり、生息・生育環境が破壊され、あるいは悪化し減少したと考えられています。

※左上のカテゴリーは p.5 - 6 参照。

ヒメスミレサイシン

エゾハタザオ

ミヤマツチトリモチ

シラオイハコベ

エンシュウツリフネソウ

ホソバノツルリンドウ

トネリコ

ラショウモンカズラ

クチキトサカタケ

タルゼッタ　カティヌス

ベニイロクチキムシタケ

コブガタアリタケ

カバイロオオホウライタケ

オオキノボリイグチ

ミヤマキヒダタケ

奥山に住む生物

【第１の危機（開発）】
これらの生物は、開発や森林の伐採などが一因となり、生息・生育環境が破壊され、あるいは悪化し減少したと考えられています。

ヌメリツバイグチ

※左上のカテゴリーは p.5 - 6 参照。

オニウスタケ

ムカシオオミダレタケ

アクイロウスタケ

ヤケコゲタケ

ツヤナシマンネンタケ

コカンバタケ

エブリコ

ツガマイタケ

エビタケ

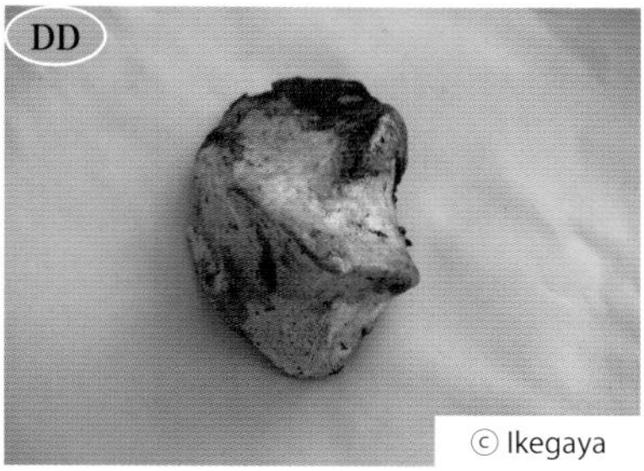

エゾシロアミタケ

センニンタケ

チチブコウモリ

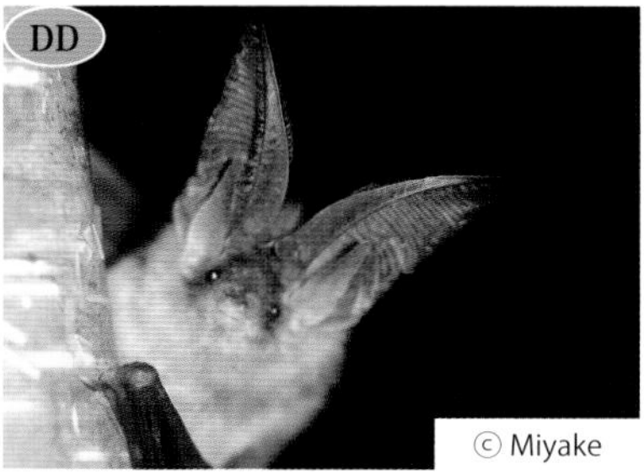

ニホンウサギコウモリ

カグヤコウモリ

奥山に住む生物

【第１の危機（開発）】
これらの生物は、開発や森林の伐採などが一因となり、生息・生育環境が破壊され、あるいは悪化し減少したと考えられています。

ツキノワグマ

※左上のカテゴリーは p.5 - 6 参照。

イヌワシ

マミジロ

ハコネサンショウウオ

タカネヒナバッタ

オオチャイロハナムグリ

ミドリヒメスギカミキリ

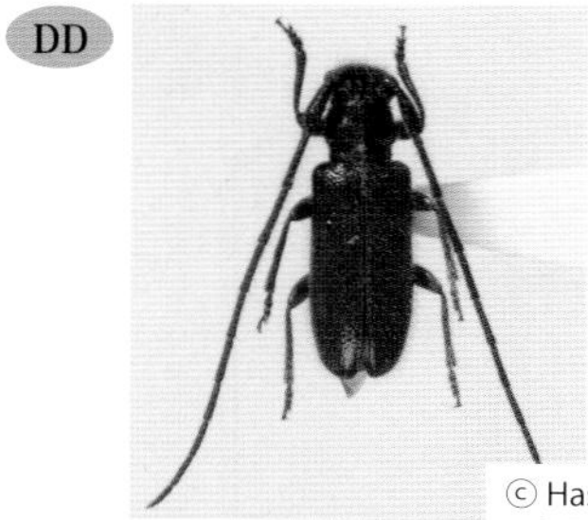

トゲムネアラゲカミキリ

ウスイロオナガシジミ

フジミドリシジミ

エゾコモリグモ

タカネエビスグモ

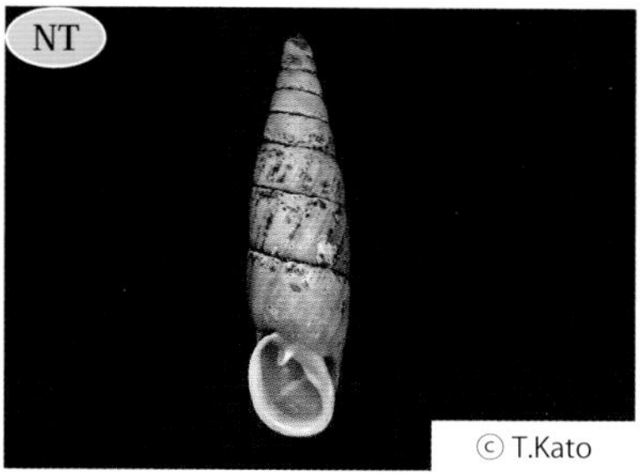

オクガタギセル

マルクチコギセル

マイマイ属の一種

カミガモシダ

© Naito

葉長20cmほどの常緑性シダ植物です。暖地の林内でやや陰湿な場所の岩上、地上に生育します。山林伐採や道路工事などによる生育環境の悪化や消失が心配されます。

（植物・菌類編 p.68）

タヌキノショクダイ

© T.Kato

花茎《かけい》は長さ1～4mmと非常に小さく、照葉樹林の落葉の下に生育します。照葉樹林の伐採は生育環境を破壊する脅威の一つとなります。

（植物・菌類編 p.44）

ハヤカワセミタケ

© Otsuka

セミの幼虫に寄生する冬虫夏草（昆虫病原菌）です。非常に湿度の高い低地の広葉樹林内（沢筋など）の林《りん》床《しょう》に発生します。広葉樹林の開発や伐採を伴う樹種転換などが生育環境の悪化につながります。

（植物・菌類編 p.395）

ブッポウソウ

© Kitagawa

全長約40cmの青緑色をした鳥です。平地の社寺林や山地の林が従来の生息環境でしたが、近年は山間部を流れる大河川の橋《きょう》梁《りょう》付近のみとなっています。樹洞のある大径木の減少が減少要因の一つです。

（動物編 p.76）

ウラナミジャノメ

© Suwa

開張《かいちょう》35 ～ 40mm のチョウです。平地や低山地の、草地と林の境目の明るい場所に生息します。各種の開発、道路建設などで雑木林が失われていくのが減少要因の一つです。

（動物編 p.275）

ニシキオニグモ

© Tanikawa

体長 9 ～ 18mm のクモです。神社、寺院に多く見られ、建物の周囲および周辺の樹間に生息します。開発の手が加わり、生息環境が減少したことが減少の主要因です。

（動物編 p.516）

ツバクロイワギセル

© T.Kato

殻高《かくこう》10mm、殻径《かくけい》3mm 程度のキセルガイです。山地の広葉樹林に生息し、湿った礫地《れきち》に多く生息します。スギ・ヒノキの植林化や開発などによる広葉樹林の減少が減少要因の一つです。

（動物編 p.463）

ミカワマイマイ

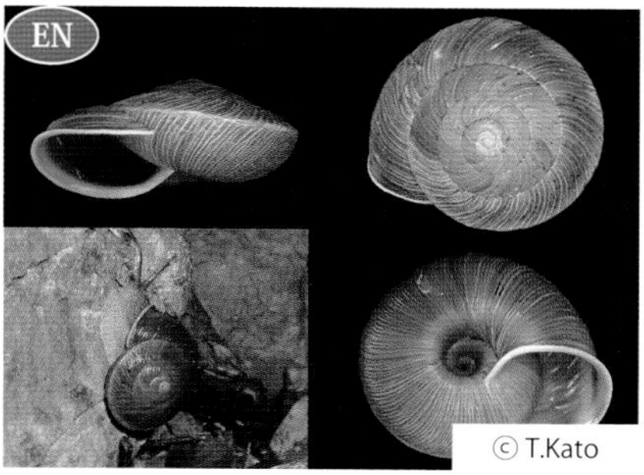

© T.Kato

殻高 20mm、殻径 38mm ほどの左巻きのマイマイです。石灰岩地の広葉樹林に生息します。石灰岩の採掘や植林化による、生息環境の縮小や分断・孤立化が減少の主要因です。

（動物編 p.454）

里地里山・田園に住む生物

【第１の危機（開発）】
これらの生物は、開発や森林の伐採などが一因となり、生息・生育環境が破壊され、あるいは悪化し減少したと考えられています。

※左上のカテゴリーは p.5 - 6 参照。

ハマハナヤスリ

シロヤマゼンマイ

サイゴクホングウシダ

ユノミネシダ

オドリコカグマ

ハチジョウシダ

ハチジョウシダモドキ

テンリュウヌリトラノオ

ヒノキシダ

ホソバシショリマ

ミゾシダモドキ

ルリデライヌワラビ

コガネシダ

ハイコモチイダ

オトコシダ

里地里山・田園に住む生物

【第１の危機（開発）】
これらの生物は、開発や森林の伐採などが一因となり、生息・生育環境が破壊され、あるいは悪化し減少したと考えられています。

※左上のカテゴリーは p.5 - 6 参照。

ツクシイワヘゴ

タカサゴシダ

ヌカイタチシダモドキ

ヌカイタチシダマガイ

アツギノヌカイタチシダマガイ

ホオノカワシダ

オニイノデ

タカノハウラボシ

アマギカンアオイ

シロモジ

ヒナノシャクジョウ

ウエマツソウ

タシロラン

ハルザキヤツシロラン

クロヤツシロラン

里地里山・田園に住む生物

【第１の危機（開発）】
これらの生物は、開発や森林の伐採などが一因となり、生息・生育環境が破壊され、あるいは悪化し減少したと考えられています。

アケボノシュスラン

※左上のカテゴリーは p.5 - 6 参照。

オオハクウンラン

ウスギムヨウラン

ヒメフタバラン

ヒトツボクロ

オオキツネノカミソリ

オオタマツリスゲ

カタスゲ

キシュウナキリ

ハシナガカンスゲ

ヤブスゲ

ジングウスゲ

マツカサススキ

ヒメコヌカグサ

コウヤザサ

里地里山・田園に住む生物

【第1の危機（開発）】
これらの生物は、開発や森林の伐採などが一因となり、生息・生育環境が破壊され、あるいは悪化し減少したと考えられています。

※左上のカテゴリーは p.5 - 6 参照。

© Naito
ヒナザサ

© Naito
アズマガヤ

© Naito
ハコネシロカネソウ

© Murofushi
フッキソウ

© Naito
キバナハナネコノメ

© Naito
ミカワチャルメルソウ

© Miyazaki
イヌハギ

ヒナノカンザシ

ビロードイチゴ

ホウロクイチゴ

ヨコグラノキ

クロツバラ

サクラバハンノキ

モクレイシ

カンコノキ

里地里山・田園に住む生物

【第１の危機（開発）】
これらの生物は、開発や森林の伐採などが一因となり、生息・生育環境が破壊され、あるいは悪化し減少したと考えられています。

※左上のカテゴリーは p.5 - 6 参照。

ナガバノヤノネグサ

イシモチソウ

モロコシソウ

クロミノニシゴリ

ナガバジュズネノキ

ヒロハコンロンカ

ヒメナエ

トラノオスズカケ

キセワタ

ハルノタムラソウ

ヒメナミキ

カリガネソウ

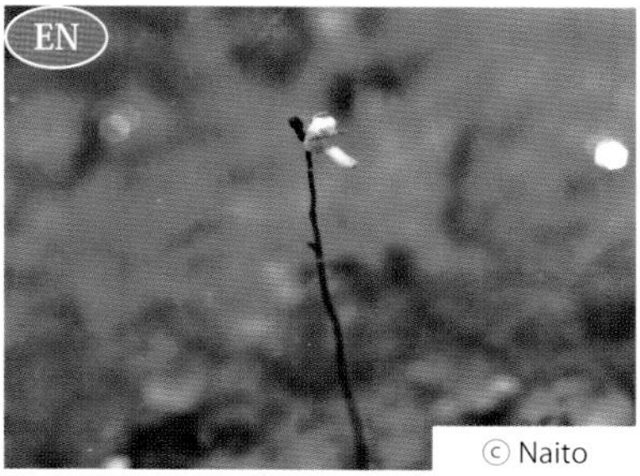

ヒメミミカキグサ

ムラサキミミカキグサ

ミツガシワ

里地里山・田園に住む生物

【第１の危機（開発）】
これらの生物は、開発や森林の伐採などが一因となり、生息・生育環境が破壊され、あるいは悪化し減少したと考えられています。

※左上のカテゴリーは p.5 - 6 参照。

カワラノギク

ミコシギク

ドクゼリ

クサギムシタケ

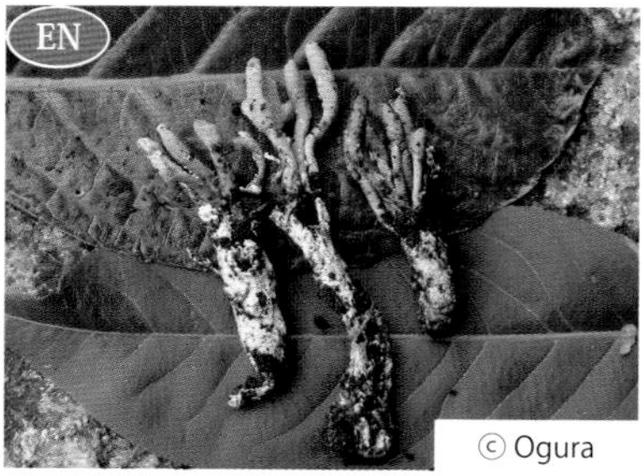

ツクツクボウシセミタケ

ハスノミクモタケ

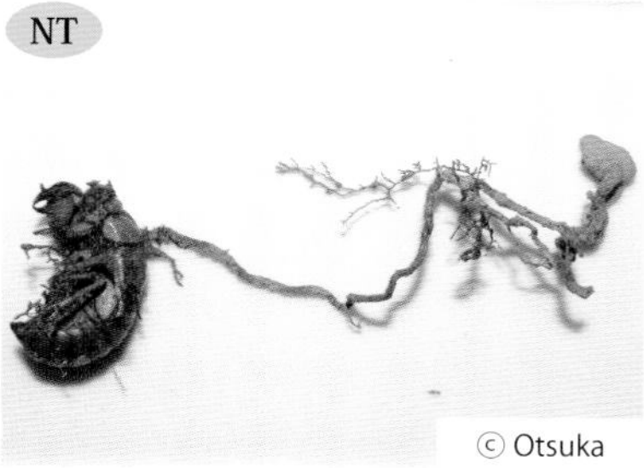

ウスキタンポセミタケ

スズキセミタケ

タンポタケモドキ

キウロコテングタケ

カブラテングタケ

シロオニタケモドキ

ハイイロオニタケ

カバイロコナテングタケ

オニフウセンタケ

里地里山・田園に住む生物

【第1の危機（開発）】
これらの生物は、開発や森林の伐採などが一因となり、生息・生育環境が破壊され、あるいは悪化し減少したと考えられています。

※左上のカテゴリーは p.5 - 6 参照。

カンゾウタケ

ヒョウモンウラベニガサ

バカマツタケ

シロシメジ

ウラムラサキシメジ

ヤシャイグチ

アシナガイグチ

トゲミノヒメイグチ

ダイダイイグチ

ナガエノウラベニイグチ

サザナミイグチ

ミカワクロアミアシイグチ

アナアキアカダマタケ

オオムラサキアンズタケ

アカイカタケ

里地里山・田園に住む生物

【第１の危機（開発）】
これらの生物は、開発や森林の伐採などが一因となり、生息・生育環境が破壊され、あるいは悪化し減少したと考えられています。

※左上のカテゴリーは p.5 - 6 参照。

アンドンタケ

フチドリクロチチタケ

ルリハツタケ

クロカワ

キクガシラコウモリ

コキクガシラコウモリ

モリアブラコウモリ

ヒメホオヒゲコウモリ

モモジロコウモリ

クロホオヒゲコウモリ

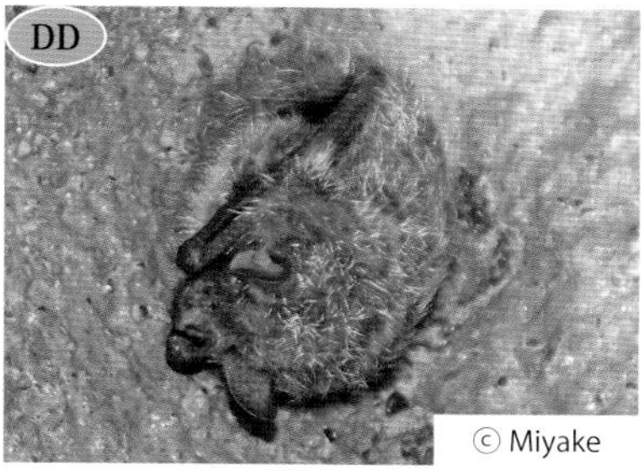

テングコウモリ

コテングコウモリ

ムササビ

ミゾゴイ

オオジシギ

里地里山・田園に住む生物

【第1の危機（開発）】
これらの生物は、開発や森林の伐採などが一因となり、生息・生育環境が破壊され、あるいは悪化し減少したと考えられています。

※左上のカテゴリーは p.5 - 6 参照。

ハチクマ

オオタカ

オオコノハズク

アカショウビン

ヤイロチョウ

サンショウクイ

サンコウチョウ

アカモズ

ノビタキ

ニホンヤモリ

ナガレタゴガエル

タゴガエル

ネバタゴガエル

スルガセモンササキリモドキ

クチナガコオロギ

里地里山・田園に住む生物

【第１の危機（開発）】
これらの生物は、開発や森林の伐採などが一因となり、生息・生育環境が破壊され、あるいは悪化し減少したと考えられています。

※左上のカテゴリーは p.5 - 6 参照。

セグロイナゴ

クギヌキハサミムシ

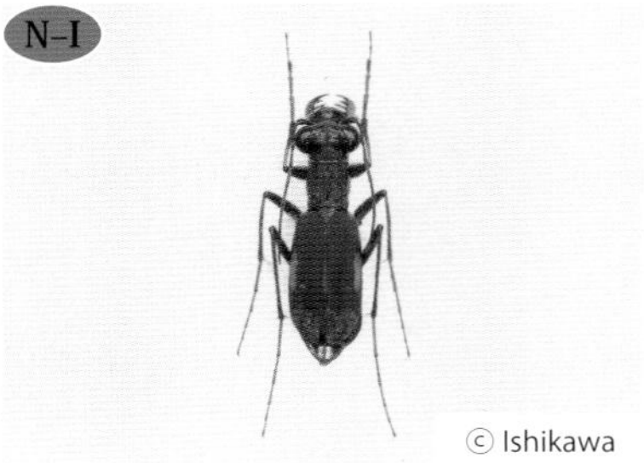

ホソハンミョウ

ヒメビロウドカミキリ

ゴマギケブカハムシ（クロヘリウスチャハムシ）

オキナワルリチラシ

ギンイチモンジセセリ

ウラナミアカシジミ

コムラサキ

オオムラサキ

ツマジロウラジャノメ

クビグロケンモン

ワスレナグモ

カネコトタテグモ

キシノウエトタテグモ

里地里山・田園に住む生物

【第１の危機（開発）】
これらの生物は、開発や森林の伐採などが一因となり、生息・生育環境が破壊され、あるいは悪化し減少したと考えられています。

※左上のカテゴリーは p.5 - 6 参照。

キノボリトタテグモ

ナタネガイモドキ

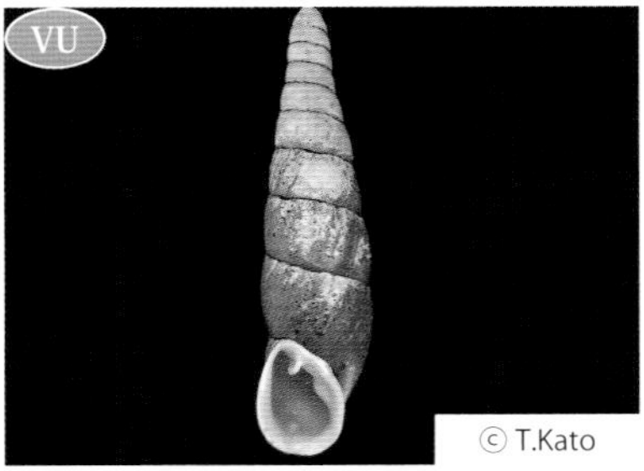

オオトノサマギセル

タンザワキビ

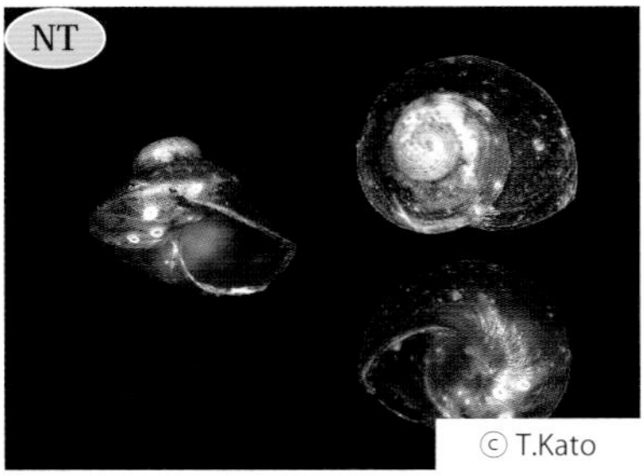

カサネシタラガイ

ミノブマイマイ

イシマキシロマイマイ

コラム

水田は多様な生物のすみか

水田は、もともと川の周囲や谷あいの湿潤地を人が利用してきたものです。沢や川からの水を細かな水路で引き入れ、元の状態に似た環境が保たれてきたと考えられます。

その後、農業の機械化などのため農地の圃場整備が行われました。区画や用排水路がコンクリートで固められ、水田や水路間に大きな段差をつけたため、生物の行き来ができなくなりました。また、農作業のし易さから、稲の収穫後は不要な水を入れないため、水田やその周囲の生物の数や種類は減少したと考えられます。

最近、無農薬栽培をきっかけに「冬期湛水《たんすい》農法」（通称「冬水《ふゆみず》たんぼ」）が各地で行われています。有機物の作用で微生物や土壌生物が増加し、さらにそれを餌《えさ》にする鳥類が集まるなど、生物多様性を高める効能が期待されます。

ミナミメダカ

モートンイトトンボ

トノサマガエル

圃場整備をしていない水田

圃場整備をしてある水田

河川・湖沼・湿地に住む生物

オニバス

© Miyazaki

浮水《ふすい》性の一年草で、花が径約 4cm です。池沼やため池など富栄養な水中に生育します。池沼の開発で多くの生育地が消失しました。

（植物・菌類編 p.153）

カンムリタケ

© Ogura

高さ 2 ～ 5cm のキノコです。林内の湿地、ゆるやかな流水や水たまりに堆積した落葉に生育します。薄暗い林内の湿地の減少が減少要因の一つです。

（植物・菌類編 p.405）

ササゴイ

© Kitagawa

全長約 52cm のサギです。主に河川に生息し、採餌《さいじ》は開けた水辺を好みます。国内ではレジャー圧や水辺環境の悪化が、国外では越冬地での捕獲圧が主な減少要因と推測されます。

（動物編 p.82）

ヤリタナゴ

© Yamada

全長 10cm のコイ科魚類です。小川や水路のコンクリート化が原因で、産卵母貝《ぼがい》であるマツカサガイが著しく減少したほか、川の移動ができなくなり減少したと考えられます。

（動物編 p.181）

アユカケ

© Kosugi

全長約30cmのカジカ科魚類です。河口付近から中流域にかけて生息します。ダムや堰《せき》での取水による流量減少に伴って生息環境が悪化して生息場所が大きく失われました。河川整備や浚渫《しゅんせつ》による繁殖環境の悪化や消失も減少要因です。(動物編p.201)

ウツセミカジカ

© Kitahara

全長約18cmのカジカ科魚類です。主に下流域上部から中流域下部にかけて生息します。ダム建設による生息域の分断、護岸整備や浚渫に伴う瀬の消失や減少が減少要因の一つです。

（動物編 p.202）

トビハゼ

© Moriguchi

全長約10cmのハゼ科魚類です。河口域や下流域に生息します。干潟の土砂浚渫や護岸整備による生息場所の喪失や悪化が減少要因の一つです。

（動物編 p.188）

ヒヌマイトトンボ

© Fukui

体長28～33mmのイトトンボです。河口付近の安定したヨシ原に生息します。河川改修と護岸工事、橋梁建設などのほか、ヨシ原の刈り取りも減少要因の一つです。

（動物編 p.245）

河川・湖沼・湿地に住む生物

【第１の危機（開発）】
これらの生物は、開発や森林の伐採などが一因となり、生息・生育環境が破壊され、あるいは悪化し減少したと考えられています。

※左上のカテゴリーは p.5 - 6 参照。

ヒメコウホネ

アギナシ

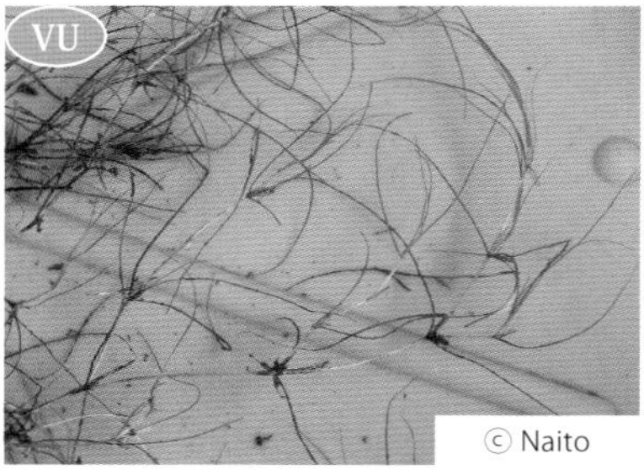

イトクズモ

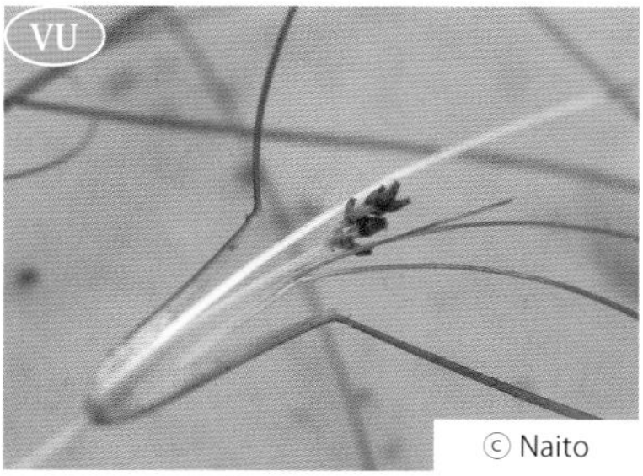

カワツルモ

ヒメミクリ

エゾウキヤガラ

トダスゲ

ミギワトダシバ

ヒキノカサ

タコノアシ

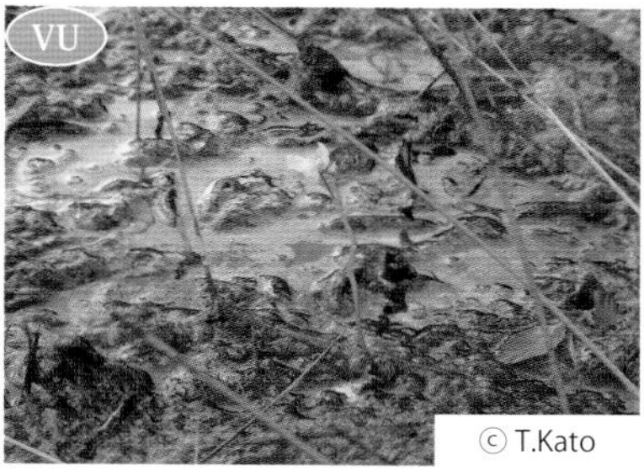

タヌキモ

カワラニガナ

ヌマゼリ

シロコケシジミガサ（仮称）

サンカノゴイ

【第１の危機（開発）】

これらの生物は、開発や森林の伐採などが一因となり、生息・生育環境が破壊され、あるいは悪化し減少したと考えられています。

※左上のカテゴリーは p.5 - 6 参照。

セイタカシギ

オオハシシギ

オグロシギ

ダイシャクシギ

ツルシギ

アカアシシギ

コアオアシシギ

コラム

湿地は希少生物の宝庫

河川、池沼、干潟、湿原などには、埋め立てや造成、河川整備などの開発の手が及び、湿地の生物は各地で姿を消してきました。その中には、全国的に減少してしまった希少な種も多くみられます。

緩流《かんりゅう》河川の河口部には、砂泥の干潟がみられ、その内陸側にはヨシ原や塩水の影響に強い塩性植物群落があります。このような場所にヒヌマイトトンボやイズササキリなどの昆虫、植物ではシバナやウラギクといった絶滅のおそれの高い種が生息・生育しています。

ヨシ原

ヒヌマイトトンボ

シバナ

河川の周りにあった低層湿原には多くの湿生生物が生息・生育していました。それが水田などの農地に利用されても、昔ながらの土で仕切られた畦《あぜ》や水路には多くの生物が生き残っていました。

ところが近代化に伴う圃場整備や農薬使用の増加などにより、湿性地特有のミズマツバ、アサザなどの植物は消滅し、水生昆虫のタガメ、ゲンゴロウ、コガシラミズムシなども、多くの場所でみられなくなりました。

今残されている湿地は大切に残しながら、湿地の機能を維持するように樹林化を防ぐ手立てが必要です。

ミズマツバ

アサザ

コガシラミズムシ

河川・湖沼・湿地に住む生物

【第１の危機（開発）】
これらの生物は、開発や森林の伐採などが一因となり、生息・生育環境が破壊され、あるいは悪化し減少したと考えられています。

※左上のカテゴリーは p.5 - 6 参照。

タカブシギ

ハマシギ

キリアイ

タマシギ

ヤマセミ

アリスイ

コジュリン

ツチガエル

スナヤツメ南方種

イセゴイ（ハイレン）

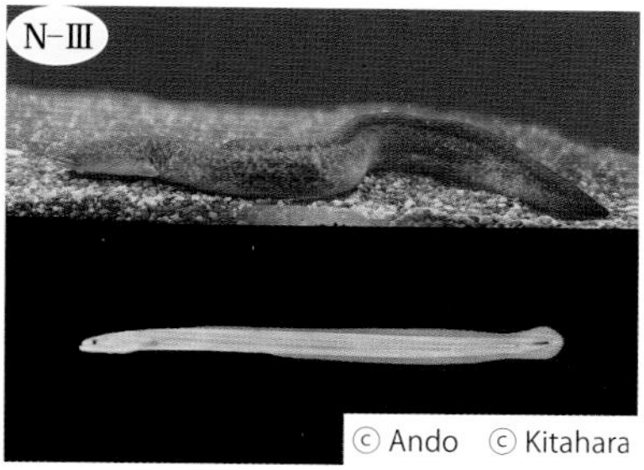

オオウナギ

アブラボテ

カワムツ

タモロコ

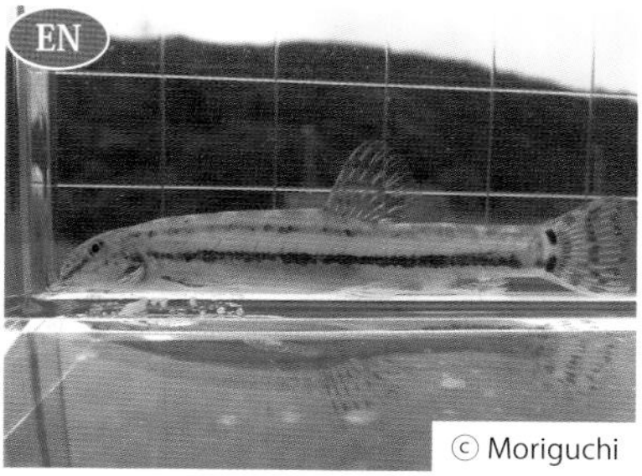

トウカイコガタスジシマドジョウ

【第１の危機（開発）】
これらの生物は、開発や森林の伐採などが一因となり、生息・生育環境が破壊され、あるいは悪化し減少したと考えられています。

※左上のカテゴリーは p.5 - 6 参照。

ニシシマドジョウ

ヒガシシマドジョウ

カワヨウジ

ガンテンイシヨウジ

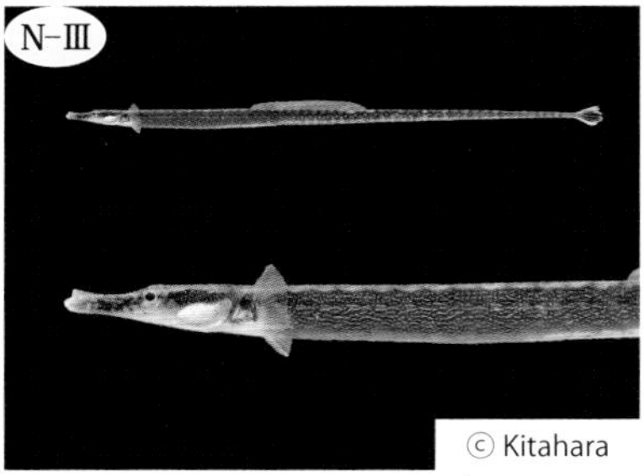

イッセンヨウジ

テングヨウジ

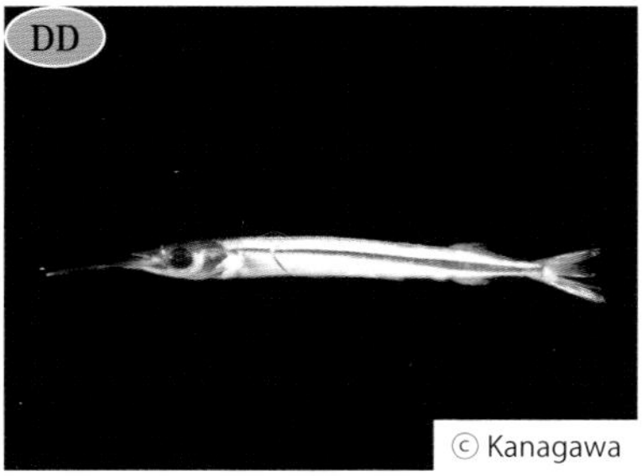

クルメサヨリ

チチブモドキ

テンジクカワアナゴ

オカメハゼ

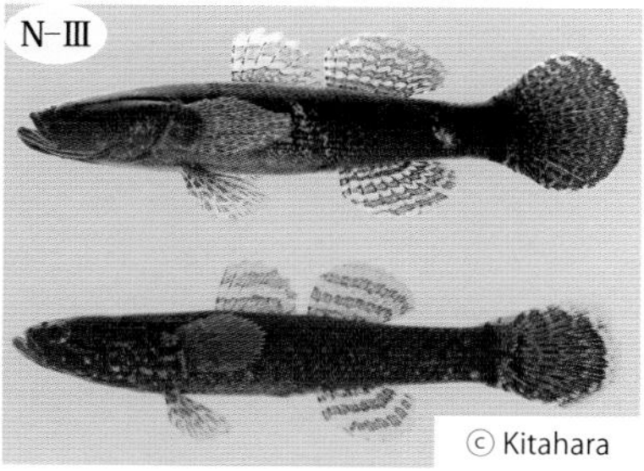

カワアナゴ

ヒモハゼ

チワラスボ属の一種B

チワラスボ属の一種C

カマヒレマツゲハゼ

河川・湖沼・湿地に住む生物

【第１の危機（開発）】

これらの生物は、開発や森林の伐採などが一因となり、生息・生育環境が破壊され、あるいは悪化し減少したと考えられています。

※左上のカテゴリーは p.5 - 6 参照。

© Kitahara

タネハゼ

© Kitahara

ヒナハゼ

© Kitahara

クロコハゼ

© Kitahara

カワヨシノボリ

© Kitahara

ビリンゴ

© Shibukawa

エドハゼ

© Kasuya

アオハダトンボ

グンバイトンボ

モートンイトトンボ

アオヤンマ

キイロサナエ

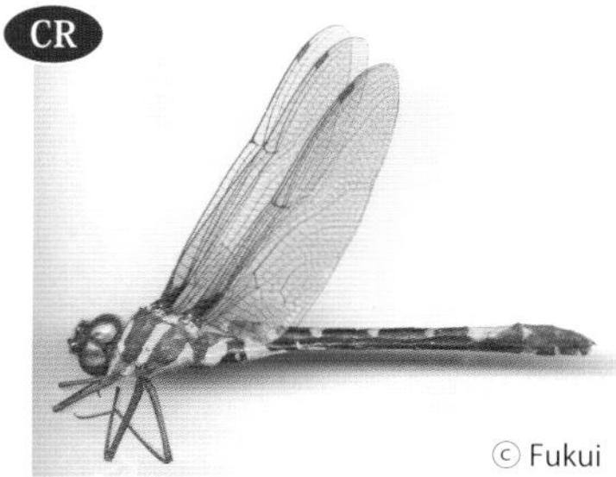

キイロヤマトンボ

オオトラフトンボ

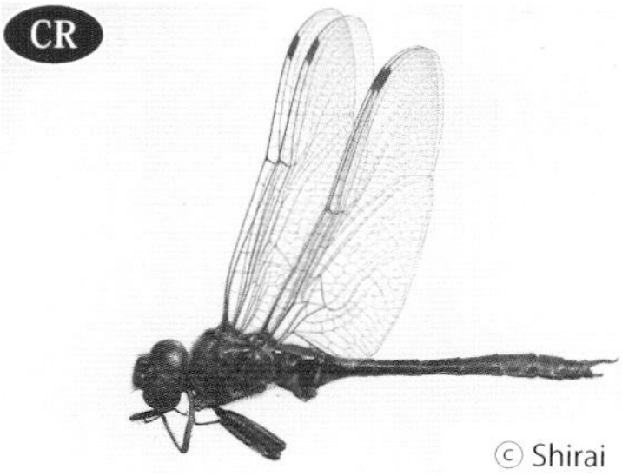

エゾトンボ

ヨツボシトンボ

河川・湖沼・湿地に住む生物

【第１の危機（開発）】
これらの生物は、開発や森林の伐採などが一因となり、生息・生育環境が破壊され、あるいは悪化し減少したと考えられています。

マイコアカネ

※左上のカテゴリーは p.5 - 6 参照。

オオキトンボ

イトアメンボ

エサキアメンボ

コオイムシ

タガメ

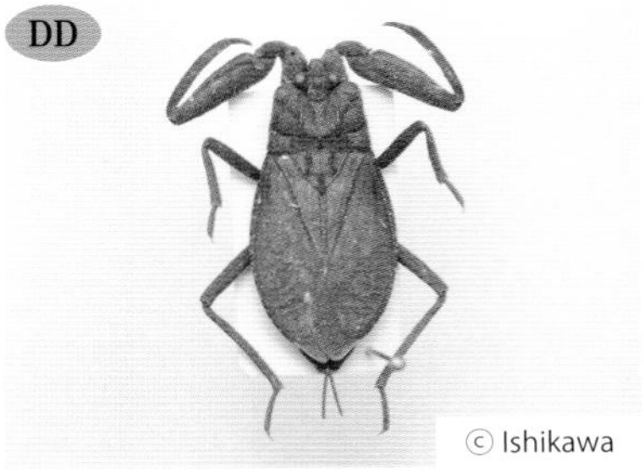

ヒメタイコウチ

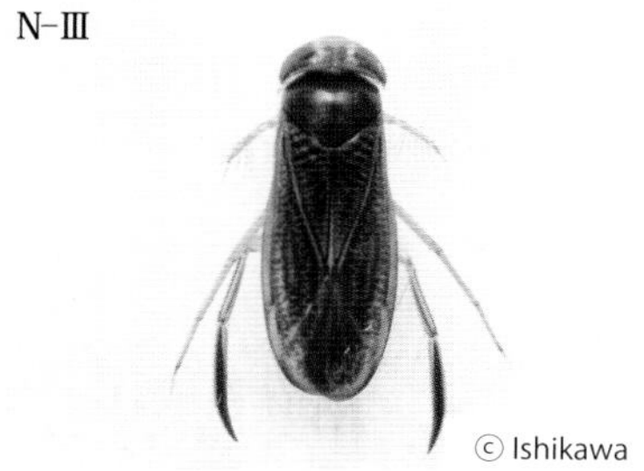

ミゾナシミズムシ

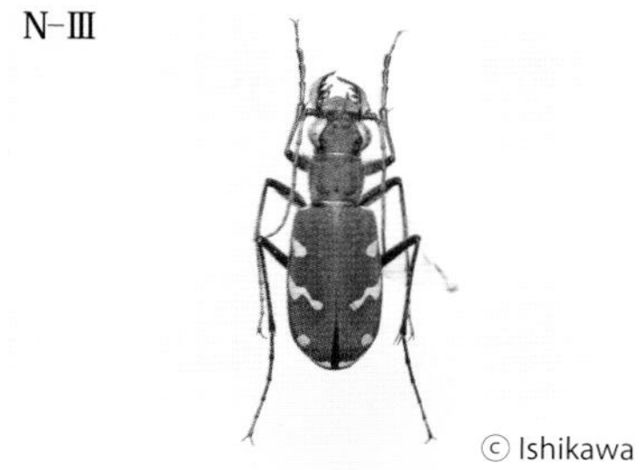

アイヌハンミョウ

スナハラゴミムシ

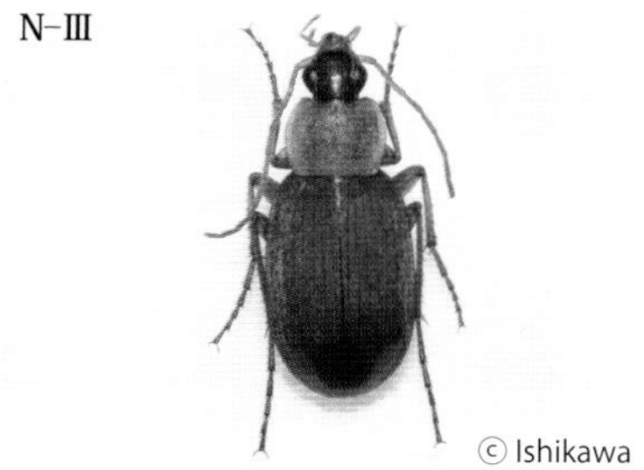

オオサカアオゴミムシ

アリスアトキリゴミムシ

コガシラミズムシ

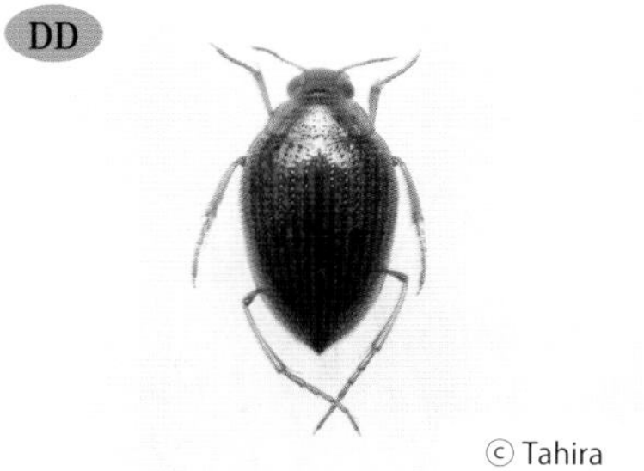

クビボソコガシラミズムシ

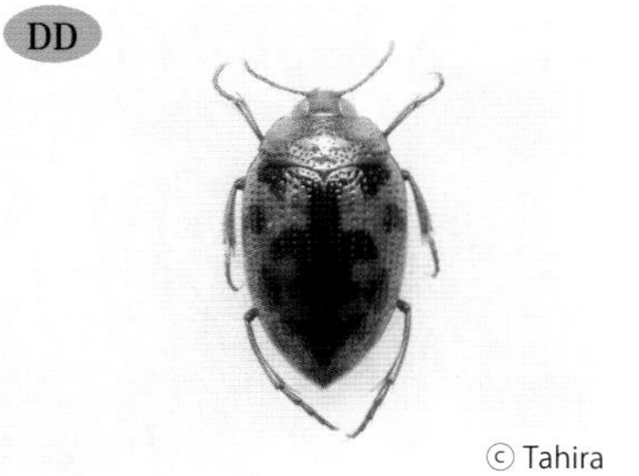

マダラコガシラミズムシ

河川・湖沼・湿地に住む生物

【第１の危機（開発）】

これらの生物は、開発や森林の伐採などが一因となり、生息・生育環境が破壊され、あるいは悪化し減少したと考えられています。

※左上のカテゴリーは p.5 - 6 参照。

N-Ⅲ

ⓒ Ishikawa

ムツボシツヤコツブゲンゴロウ

NT

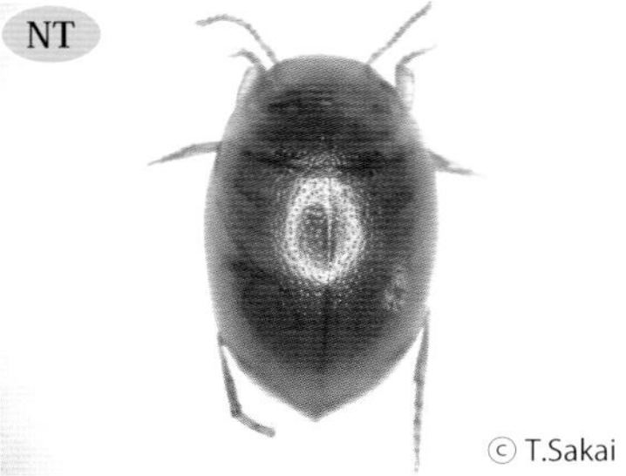

ⓒ T.Sakai

コマルケシゲンゴロウ

DD

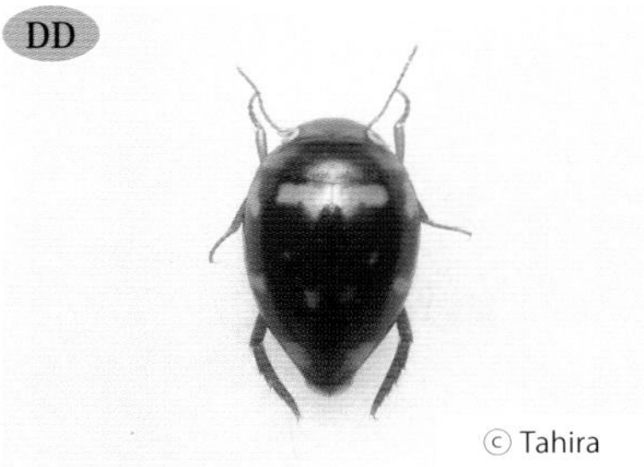

ⓒ Tahira

キボシツブゲンゴロウ

N-Ⅲ

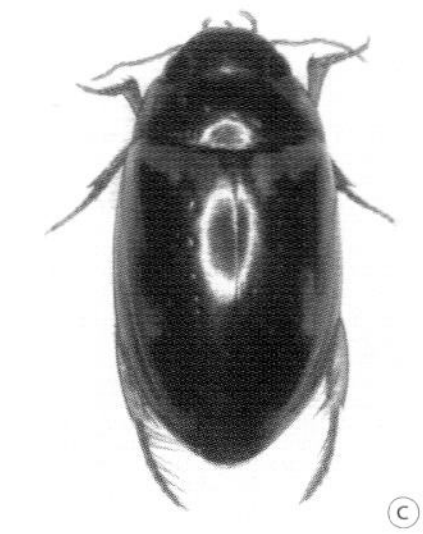

ⓒ Ishikawa

キベリマメゲンゴロウ

DD

ⓒ Ishikawa

エゾヒメゲンゴロウ

N-Ⅲ

ⓒ Ishikawa

シマゲンゴロウ

EX

ⓒ Ishikawa

スジゲンゴロウ

N–Ⅰ

© Kitano

マルガタゲンゴロウ

NT

© Tahira

クロゲンゴロウ

DD

© Tahira

シワムネマルドロムシ

DD

© Tahira

ヤマトマルドロムシ

N–Ⅲ

© Ishikawa

スジヒラタガムシ

N–Ⅲ

© Ishikawa

マルヒラタガムシ

N–Ⅰ

© Tahira
© Ishikawa

コガタガムシ

N–Ⅰ

© Tahira
© Ishikawa

ヤマトモンシデムシ

ヒゲコガネ

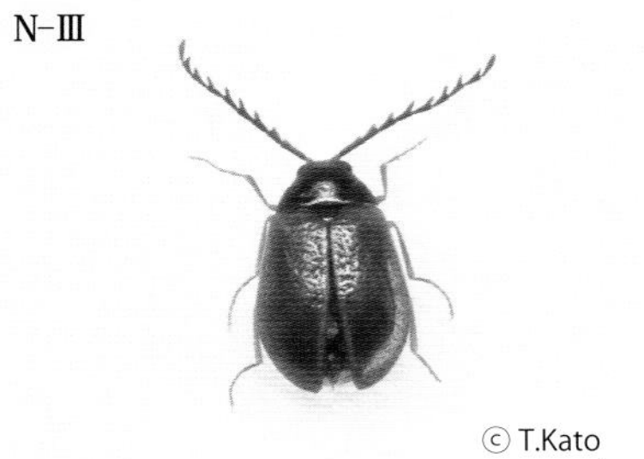

ヒゲナガヒラタドロムシ

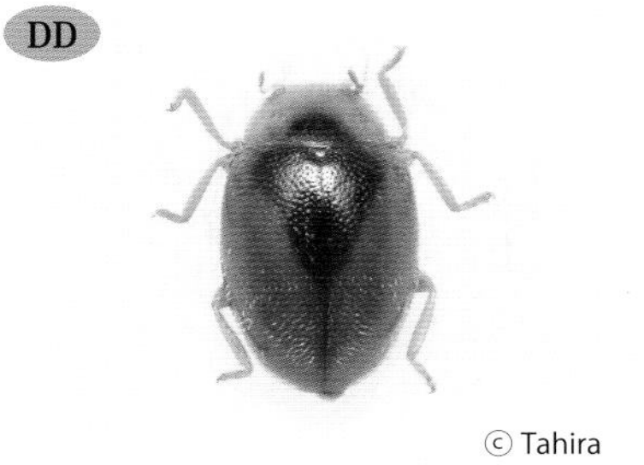

ナカイケミヒメテントウ

ガガブタネクイハムシ

キヌツヤミズクサハムシ

ババスゲヒメゾウムシ

ヒメヒカゲ

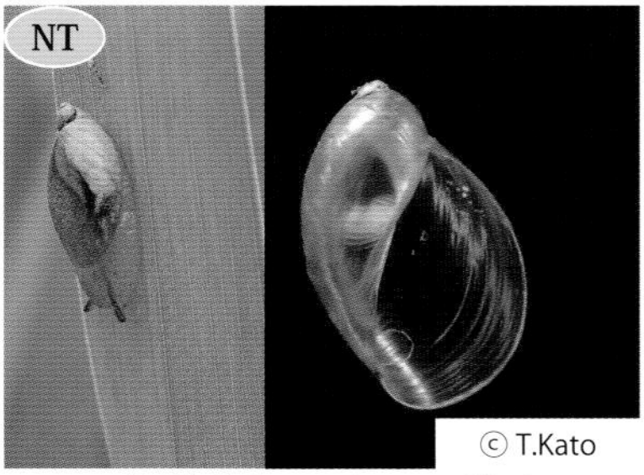

ナガオカモノアラガイ

コラム

遠州灘海岸とその後背《こうはい》湿地の昆虫類

県西部の遠州灘海岸には、海岸から内陸側に砂丘と湿地がありました。微高地の砂丘の内陸側にある低地にできた湿地を後背湿地といいます。その湿地のほとんどは埋め立てや乾燥化により消失してしまいましたが、幸いにも、まだ“遠州灘の原風景”と呼ばれる湿地帯がごく一部ですが残っています。

このような場所のハマボウフウ、コウボウムギなどの海浜植物が生育する砂地には、砂と同系色になったヤマトバッタやハマスズ、カワラハンミョウといった貴重な昆虫類がみられます。

内陸側のクロマツ砂防林の中に点在して残る池や湿地には、ヒメミズスマシやホッケミズムシなどの水生昆虫が生息し、トンボ類も豊富でアオヤンマやマイコアカネといった希少な種も生息しています。

なお、近年池や湿地には外来種のアメリカザリガニが増え、水生植物や希少な水生昆虫などの生息･生育が脅かされています。そのため、地元住民や研究者のボランティアによるアメリカザリガニの駆除などの環境保全活動が行われています。

マイコアカネ

ハマスズ

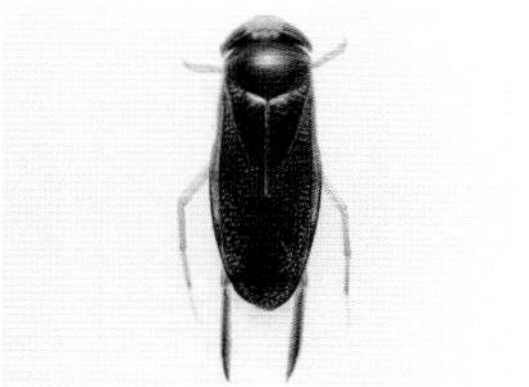
ホッケミズムシ

遠州灘の原風景（春～夏）

遠州灘の原風景（秋～冬）

海岸に住む生物

ハマナツメ

海岸近くに生育する落葉低木です。工場などの造成で生育地が消滅したため県内では絶滅しました。

（植物・菌類編 p.33）

ハママツナ

高さ 20 ～ 60cm の一年草です。満潮時に海水が植物体を没する潮間帯《ちょうかんたい》の、波が穏やかな入り江や河口の塩《えん》湿地に生育します。入り江や河口の護岸や開発による生育地の改変が減少の要因です。

（植物・菌類編 p.305）

ウラギク

河口付近の塩湿地に生育します。海辺、湖岸の干拓や護岸工事などで、生育環境が奪われ減少しました。

（植物・菌類編 p.235）

コナガエノアカカゴタケ

高さ 5 ～ 10cm のキノコです。初夏または初冬に、海浜砂地に発生します。防波堤工事、防風林工事、堆砂垣工事などによる砂浜のかく乱が減少の主要因です。

（植物・菌類編 p.402）

アバタケシボウズタケ

© Ogura

晩秋と春、海浜砂地に発生するキノコです。生育環境である自然な海浜砂地は急激に減少しています。海岸整備などで砂の掘り起こしがあると、砂中の環境が変化して生育できなくなります。

（植物・菌類編 p.398）

ヘラシギ

© Kitagawa

全長約 15cm のシギです。渡りの途中、砂浜海岸とそれに続く河口、干潟に飛来します。河川からの土砂供給減少による砂浜の痩せ細りが生息への脅威となります。

（動物編 p.73）

ヒョウタンゴミムシ

N-Ⅲ

© Ishikawa

体長 15 ～ 20mm のオサムシ科甲虫です。海岸の砂浜に生息します。養浜のための海岸への土砂搬入などにより、一部地域の生息環境が破壊されました。

（動物編 p.413）

マキスジコミミガイ

© T.Kato

転石海岸の潮間帯上部に生息する殻高 7mm ほどの小型の巻貝です。転石海岸の護岸工事などは減少要因の一つとなります。

（動物編 p.457）

海岸に住む生物

【第１の危機（開発）】
これらの生物は、海岸や砂浜の開発などが一因となり、生息・生育環境が破壊され、あるいは悪化し減少したと考えられています。

オキナワハイネズ

※左上のカテゴリーは p.5 - 6 参照。

センダイスゲ

イソホウキギ

ナミキソウ

ユキヨモギ

スナヤマチャワンタケ

ヒヨリヒメツチグリ

アケボノハリタケ

© Ogura

8cm 以下のキノコです。ブナ・ミズナラ林の林床で発生します。植林化に伴うブナ・ミズナラ林の減少が主要因ですが、人の踏みつけによる林床の悪化も減少要因の一つとして考えられます。

（植物・菌類編 p.484）

フサハリタケ

© Ogura

4～10cm 大のキノコです。広葉樹の朽《く》ち木上に発生します。環境が限定されて発生が比較的稀《まれ》なキノコで、乱獲による絶滅が危惧されます。

（植物・菌類編 p.418）

フジシロミャクヨトウ

© Iimori

翅《はね》を広げると 40mm ほどのガです。富士山の森林限界付近に生息しています。観光客の増加による食草の踏みつけ増加など生息環境の悪化が減少要因の一つです。

（動物編 p.339）

ナガナタネガイ

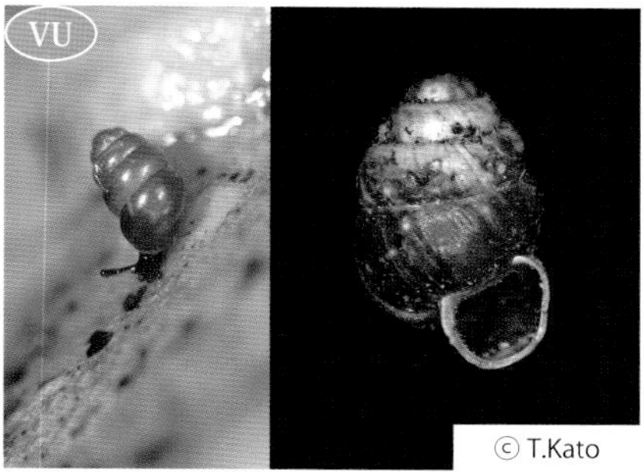

© T.Kato

殻高 2.3mm の微小な陸貝です。県内では高山帯の矮性《わいせい》低木の下と亜高山帯の石灰岩《せっかいがん》露頭《ろとう》に生息します。近年の登山ブームと相まって人の立ち入りが目立ち、環境の悪化が懸念されます。

（動物編 p.459）

奥山に住む生物

【第１の危機（盗掘など）】
これらの生物は、園芸用または食用の採取、人の踏みつけなどが一因となり、生息・生育数が減少したと考えられています。

※左上のカテゴリーは p.5 - 6 参照。

© Miyazaki.
ミヤマハナワラビ

© Naito
テバコワラビ

N-Ⅲ

© Yuasa
ウスバサイシン

© Nishiguchi
スルガジョウロウホトトギス

© Sugino
ヒナラン

© T.Kato
キソエビネ

© Miyazaki
サルメンエビネ

コアツモリソウ

アツモリソウ

ハコネラン

ヒロハツリシュスラン

セイタカスズムシソウ

スズムシソウ

ノビネチドリ

ヒメムヨウラン

奥山に住む生物

【第1の危機（盗掘など）】
これらの生物は、園芸用または食用の採取、人の踏みつけなどが一因となり、生息・生育数が減少したと考えられています。

※左上のカテゴリーは p.5 - 6 参照。

ヒナチドリ

サナギスゲ

タカネナルコ

ヒナガリヤス

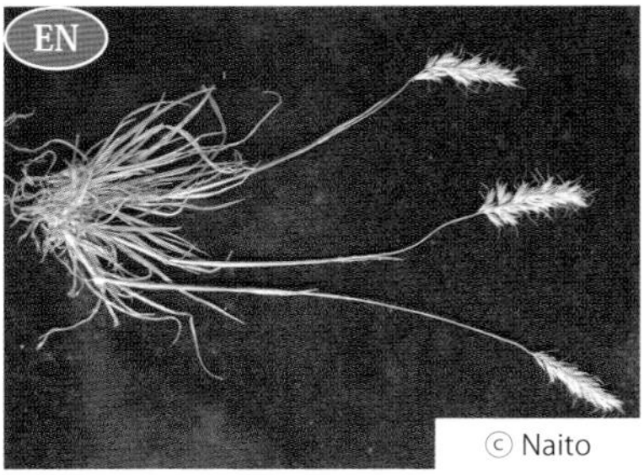

ミヤマカニツリ

オオサワトリカブト

アズマイチゲ

レンゲショウマ

ヤシャビシャク

マツノハマンネングサ

ムラサキモメンヅル

ヒゴスミレ

シロウマナズナ

ハクセンナズナ

ミヤマツメクサ

奥山に住む生物

【第１の危機（盗掘など）】
これらの生物は、園芸用または食用の採取、人の踏みつけなどが一因となり、生息・生育数が減少したと考えられています。

※左上のカテゴリーは p.5 - 6 参照。

イワウチワ

ハコネコメツツジ

トウヤクリンドウ

チシマヒョウタンボク

オオモミタケ

ミヤマムラサキフウセンタケ

オオツガタケ

ヒダホテイタケ

カバノアナタケ

チョレイマイタケ

アカアシボソチチタケ

ツキノワグマ

アカイシコバネヒナバッタ

フジコバネヒナバッタ

クモマツマキチョウ

チャボホトトギス

© Nishiguchi

高さ2～15cmのユリ科多年草です。山地の林縁や道沿いの地上に生育します。普段はあまり目立ちませんが花の時期はよく目立ち、園芸採取により減少しました。

（植物・菌類編 p.164）

クマガイソウ

© Miyazaki

高さ20～40cmのラン科多年草です。平地から山地にかけての竹林や人工林、落葉・常緑広葉樹林など多様な環境に生育します。園芸目的の採取が減少の主要因です。

（植物・菌類編 p.166）

ベニバナヤマシャクヤク

© Naito

高さ40～60cmの多年草です。低山や丘陵《きゅうりょう》地の草地・落葉樹林下が本来の生育環境です。今ではほとんどがスギ植林下の砂礫《されき》地に生育しています。園芸目的の採取が減少の主要因です。

（植物・菌類編 p.58）

オヒキコウモリ

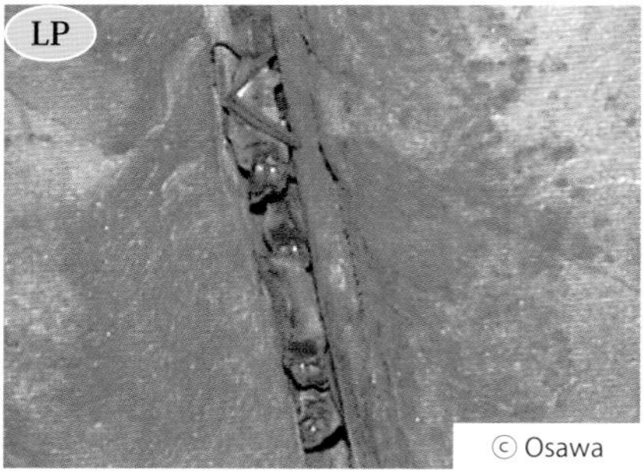

© Osawa

頭胴長81～94mmの大型の食虫性コウモリです。岩礁《がんしょう》の亀裂の隙間をねぐらに利用しています。採餌環境として高空を利用していることから風力発電風車への衝突死（バットストライク）が問題となっています。

（動物編 p.64）

ニホンザル（伊豆・愛鷹《あしたか》・熱海地域の個体群）

日本固有のサルです。好適生息環境である広葉樹林の減少により、作物への依存度が著しく高くなっています。作物被害の深刻化に伴う有害駆除による捕獲圧が、分布の縮小や個体数減少の主要因となっています。
（動物編 p.65）

ヒガシヒダサンショウウオ

全長 14 ～ 19cm の流水性サンショウウオです。成体は森林内の谷や斜面に生息します。生息地を分断する道路に現れる個体が車に轢《ひ》かれることがあります。
（動物編 p.165）

アサカミキリ

体長 10 ～ 15mm のカミキリムシです。山地草原に生息しアザミ類を餌にしています。開発などによる生息環境の破壊・消滅とともに、マニアによる高い採集圧が減少の主要因です。
（動物編 p.427）

コガネグモ

体長はメス 20 ～ 30mm、オス 5 ～ 7mm のクモです。郊外の人家や樹林地の周辺などの日当たりのよい場所に生息します。見た目などさまざまな理由から除去・駆除が行われ、減少要因の一つとなっています。
（動物編 p.514）

里地里山・田園に住む生物

【第１の危機（盗掘など）】
これらの生物は、園芸用または食用の採取、人の踏みつけなどが一因となり、生息・生育数が減少したと考えられています。

© Miyazaki
ヒモラン

※左上のカテゴリーは p.5 - 6 参照。

© Aoshima
マツバラン

© Hosokura
ヒメウラジロ

© Naito
タキミシダ

© Naito
オトメアオイ

© Nishiguchi
ホンゴウソウ

© Miyazaki
カタクリ

コシノコバイモ

イワチドリ

マメヅタラン

ムギラン

エビネ

キエビネ

マヤラン

イチヨウラン

里地里山・田園に住む生物

【第1の危機（盗掘など）】
これらの生物は、園芸用または食用の採取、人の踏みつけなどが一因となり、生息・生育数が減少したと考えられています。

※左上のカテゴリーは p.5 - 6 参照。

セッコク

サワラン

カシノキラン

ナヨテンマ

ベニシュスラン

シュスラン

フウラン

ウチョウラン

カゲロウラン

ヒメシャガ

フクジュソウ

セツブンソウ

ミスミソウ

ヤマシャクヤク

ヒトツバショウマ

里地里山・田園に住む生物

【第１の危機（盗掘など）】
これらの生物は、園芸用または食用の採取、人の踏みつけなどが一因となり、生息・生育数が減少したと考えられています。

※左上のカテゴリーは p.5 - 6 参照。

ツメレンゲ

シラヒゲソウ

サクラスミレ

クリンソウ

サクラソウ

カイナンサラサドウダン

ウンゼンツツジ

イナモリソウ

イワシャジン

コウタケ

ヒナコウモリ

ユビナガコウモリ

ベニモンカラスシジミ

クロツバメシジミ

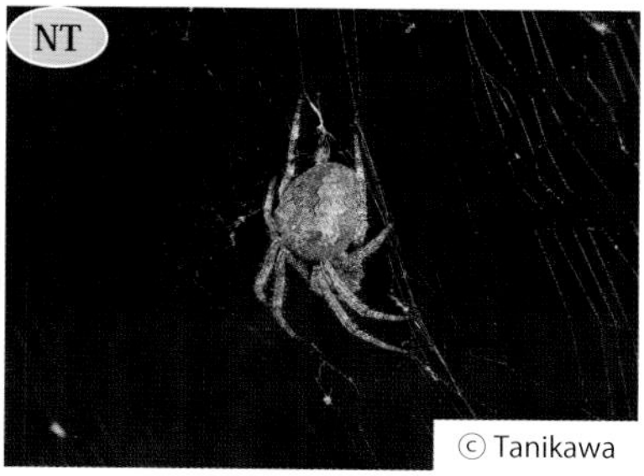

オニグモ

河川・湖沼・湿地に住む生物

シラタマホシクサ

© Miyazaki

高さ20～40cmのホシクサ科一年草です。丘陵地の日当たりのよい湧水湿地に生育します。園芸採取とともに、丘陵地の開発によって生育地が大きく減少しました。
（植物・菌類編 p.180）

ナガバノイシモチソウ

© Sugino

高さ7～20cmのモウセンゴケ科一年草です。湿地に生育しますが、近年確認されていません。生育環境の消失のほか、園芸用採取が減少の主要因です。
（植物・菌類編 p.117）

アサザ

© Miyazaki

浮葉《ふよう》は卵形または円形で径5～10cmの浮葉植物です。池沼の埋め立てのほか、園芸採取が減少の主要因です。
（植物・菌類編 p.232）

トモエガモ

© Nakamura

主に湖沼に冬鳥として渡来する全長40cm前後のカモです。本種のメスは狩猟鳥のコガモに酷似しているため、狩猟の誤射を招きかねません。
（動物編 p.95）

ヨシゴイ

© Nakamura

全長約 37cm のサギの仲間です。河川、池沼周辺などのヨシ、ガマなどの豊富な湿性環境に生息します。開発のほか、餌となる小魚の乱獲も本種の減少の要因になっています。
（動物編 p.80）

ゴイサギ

© Nakamura

全長約 57cm のサギの仲間です。水田、池沼、河川、湿地などを採餌地とし、林にコロニーを形成して繁殖します。コロニーをめぐる人の生活との軋轢《あつれき》がもたらす有害鳥獣駆除が脅威です。
（動物編 p.148）

ニホンウナギ

© K.Suzuki

全長約 60cm のウナギ科魚類です。産卵は海で、成長するのは川です。養殖用としてのシラスウナギの乱獲は本種の減少の要因になっています。
（動物編 p.191）

イシカワシラウオ

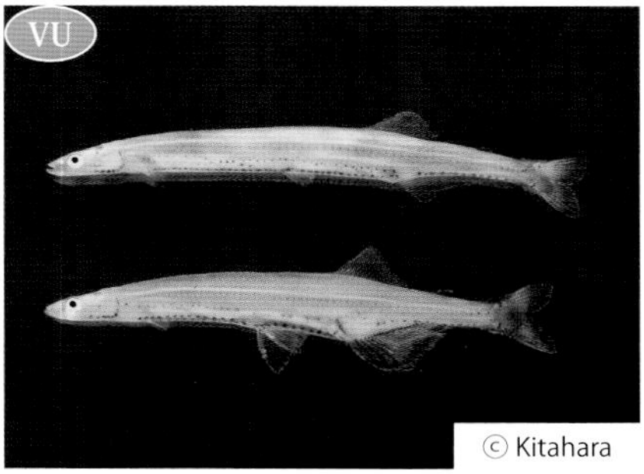

© Kitahara

全長約 7cm のシラウオ科魚類です。河口付近の沿岸に生息します。減少の原因は不明ですが、繁殖期直前まで漁獲されていることから、漁獲圧が関与している可能性があります。
（動物編 p.198）

河川・湖沼・湿地に住む生物

【第1の危機（盗掘など）】
これらの生物は、園芸用または食用の採取、人の踏みつけなどが一因となり、生息・生育数が減少したと考えられています。

※左上のカテゴリーは p.5 - 6 参照。

ミズトンボ

ミズトラノオ

サワギキョウ

オジロトウネン

ヒバリシギ

ウズラシギ

ヤマトイワナ

コラム

ウナギは減っている？

人の食料の対象として日常的に捕獲されている魚類のうち、特にニホンウナギの人気は高いため、日本では沿岸域にいるシラスウナギ（幼生期の名称）が捕獲され、親に成長するまで養殖した後に市場に出荷されています。

しかし、シラスウナギの捕獲量は、1957 年頃に年間約 200 トンであったものが、近年は 10 トン前後と大幅に減少しています。このようにウナギが急激に減少した要因の一つは、過剰な捕獲であると考えられています。

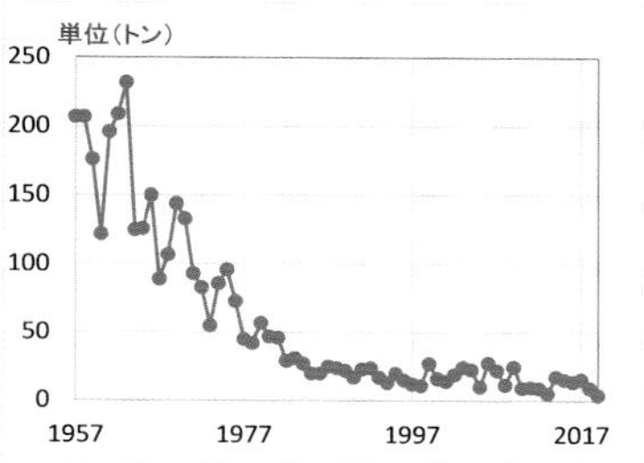

シラスウナギ捕獲量の変動

ニホンウナギは、南洋の海で生まれてシラスウナギとなって日本に来て川で成長し、産卵のため南洋の海へと回遊する生活をします。ニホンウナギをこれ以上減らさないためには、隠れ場所の多い豊かな川を維持することと、捕り過ぎないように生産量（生息数）に配慮した消費量（捕獲数）を考えていかなければなりません。

海部健三（2019）
結局ウナギは食べていいのか問題. 岩波書店.
を参考に作成

河川・湖沼・湿地に住む生物

スナビキソウ

© Miyazaki

高さ 20 ～ 30cm の、海岸の砂浜に生育するムラサキ科の多年草です。波の最大到達地点よりも内陸側に生育します。人の立ち入りによる踏みつけのほか、海岸の開発も脅威です。
（植物・菌類編 p.221）

ハマウツボ

© Miyazaki

高さ 10 ～ 30cm の、海岸の砂地に生育するハマウツボ科の一年草です。キク科多年草のカワラヨモギの根に寄生します。人の立入により踏みつけのほか、海岸の開発も脅威です。
（植物・菌類編 p.228）

アカウミガメ

© Yamamoto

甲長 80 ～ 90cm のウミガメです。北太平洋を中心に回遊し、県内の砂浜には 5 ～ 8 月の間に産卵のため上陸します。定置網漁と延縄《はえなわ》漁などで魚に混じり捕獲されてしまうことがあります。
（動物編 p.153）

オオヒョウタンゴミムシ

© Ishikawa

体長 28 ～ 38mm の、一見クワガタムシを思わせる大型の甲虫です。海岸や大河川下流域の砂地に生息しています。格好が良いので愛好家に人気があり、高い採集圧にさらされています。
（動物編 p.316）

コラム

野生生物を守る

—第１の危機「盗掘・乱獲・踏みつけ」の脅威を減らすために—

「過度な採集や踏み荒らし」で失われる野生生物やそのすみかを守るために私たちができることを考えてみましょう。

【野生生物への配慮】

日本では、国外からの輸入や国内の生物を捕獲し、ペットや鑑賞用として売買されています。今日の情報化の時代にあっては、希少性の高い生物に注目が集まり、密猟、過剰採取、違法取引が行われています。

単なる娯楽や趣味として、野生生物の採取、飼育・栽培はしないようにしましょう。

【野生生物の生息・生育地の保護への配慮】

コアジサシ、シロチドリなどの鳥や、カワラハンミョウなどの砂地を生息地とする昆虫類は、繁殖地や生息地として河川や海岸の砂地、砂礫地に住んでいます。オフロードの四駆車やバイクで走り回るとすべて破壊されてしまいます。孵化《ふか》したアカウミガメの子ガメも、車のわだちを乗り越えられずに海へとたどり着けないこともあります。

河川や海岸をバーベキューなどで使ったら、鳥や昆虫の外敵となるカラスやノネコが集まらないように、環境清掃を心がけましょう。

【環境学習への参加】

地域に根ざした環境教育・学習や、NPO、クラブ活動、イベントなど、失われつつある貴重な自然環境を学習・研究する取り組みが各所で行われています。野生生物への知識を得ながら保全活動への参加ができます。

2．第2の危機
（自然環境に対する働きかけの縮小による危機）

（ア）植林地や耕作地の手入れ不足による機能低下

ここでは、これまでに紹介した第1の危機とは逆に、私たち人間の関わりが少なくなった「手入れ不足」による影響を考えます。

長い間、人間は自然環境の恵みを利用して暮らしてきました。雑木林は木炭やシイタケのホダ木に利用するため定期的に伐採され、下草は肥料に利用するために刈り取られていました。田畑の周囲には、肥料などに利用する草刈り場もありました。

手入れが行き届いた明るい林

そのような里地里山の環境には、見通しの良い明るい林が維持され、湿潤な田園の周囲には多くの植物や昆虫がみられました。

しかし、最近は高齢化や過疎化によって田畑・草刈り場が放棄される場所が目立ってきています。そうすると、植生遷移《せんい》（長い年月の間に別の植物や林に移り変わっていくこと）によって、林内が植物で覆われ暗くなったり、草地環境が減っていきます。

手入れをしなくなった水田や林

里地里山の環境にいた生物は、このような環境の変化により姿を消していったと考えられています。

（イ）増えすぎたニホンジカによる影響

長い間、人間は自然環境を利用した暮らしの中で、中・大型哺乳類を食用とするために捕獲してきました。しかし、最近は狩猟を行う人の数が減り、それと相反するようにニホンジカの個体数は急増し、農林業被害や、草原や森林の植物への過剰な採食も問題になっています。

下草がニホンジカに食べつくされた林

植えた苗木がニホンジカに食べられて草原化した人工林の伐採跡地

森林内の下草《したくさ》が食べつくされて土壌浸食が起きるなどの弊《へい》害も起きています。また、ニホンジカの過剰な採食によって森林が乾燥化するなどの変化があると、そこに生息する生物への影響も心配されています。

さらに、厳しい環境にある高山植物にとっては、ニホンジカは最大の脅威となっています。かつて高山帯におけるニホンジカの生息はあまり知られていませんでしたが、近年急増しています。高山植物を餌としている生物にも大きな影響を及ぼすと考えられています。

ニホンジカの過剰な採食によるニッコウキスゲ群落の消滅（聖平・標高約2,300 m）

ユウシュンラン

© Miyazaki

高さ 10 ～ 15cm のラン科多年草です。温帯から亜高山帯の山地の落葉樹林下に生育します。植生遷移と環境変化が減少の主要因です。
（植物・菌類編 p.82）

キバナノアツモリソウ

© Miyazaki

高さ 10 ～ 30cm のラン科多年草です。亜高山帯から冷温帯の落葉樹林内と草原に生育します。草原の減少や園芸採取とともに、ニホンジカによる採食も脅威です。
（植物・菌類編 p.51）

ミヤマハナシノブ

© Miyazaki

高さ 80cm ほどの多年生草本です。亜高山～高山帯の草原や林縁に生育します。これまでは環境変化が減少の主要因と考えられていました。これからはニホンジカによる採食も脅威です。
（植物・菌類編 p.62）

オオサクラソウ

© Yuasa

高さ 15 ～ 50cm の多年生草本です。亜高山帯上部の谷筋の湿地に生育します。登山者による踏圧とともに、ニホンジカの踏み荒らしなどの影響が懸念されます。
（植物・菌類編 p.215）

アズミトガリネズミ

体重２～5g の小型のトガリネズミです。亜高山帯の森林林床に生息します。森林伐採による生息環境の乾燥・かく乱だけでなく、ニホンジカの採食による下層植生の衰退・表土の不安定化も減少要因の一つです。
（動物編 p.44）

クマタカ

イヌワシと並ぶ大型の猛禽類です。山地の森林が主な生息環境で、営巣地は樹齢の高い林です。近年は林の手入れ不足により、生息環境が悪化しています。
（動物編 p.115）

ヤマママメタニシ

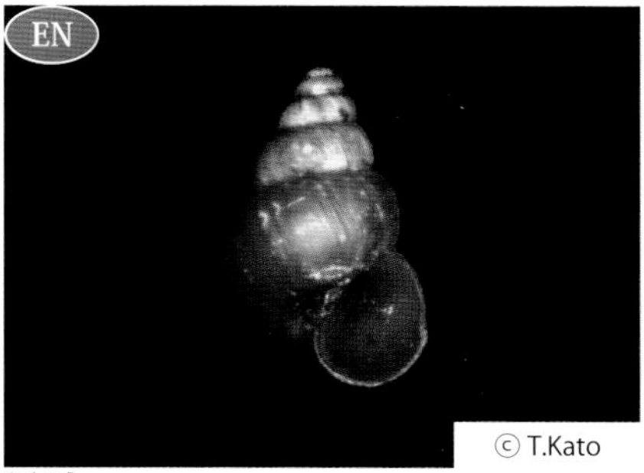

殻高《かくこう》 4.5mm ほどの小型の陸貝です。ブナなどの落葉広葉樹林の植物の上に生息します。県内で生息密度が高くなっているニホンジカの過剰な採食により林床植生が失われることが生息への脅威です。
（動物編 p.447）

スジキビ

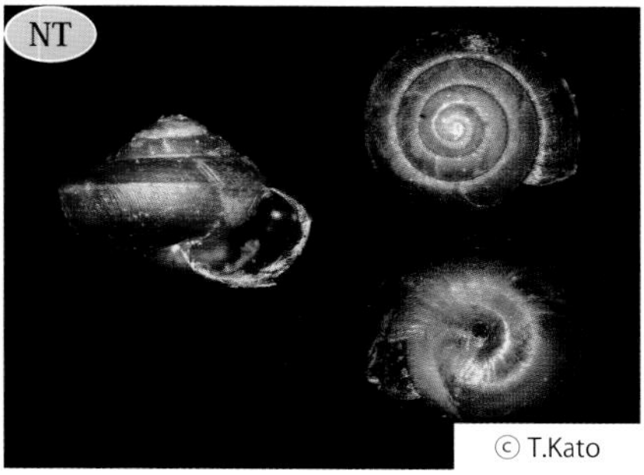

殻高 2mm の微小な陸貝です。山地のブナ林の林床に生息します。ブナの大径木が多い、自然度の高い場所に限られ、森林伐採のほかニホンジカの過剰な採食による林床の質の低下も生息に悪影響を及ぼします。
（動物編 p.486）

奥山に住む生物

【第２の危機（手入れ不足)】

これらの生物は、人間の自然環境への手入れ不足を原因とする環境の変化や、狩猟の減少などによるニホンジカの増加が一因で、数を減らしたと考えられています。

※左上のカテゴリーは p.5 - 6 参照。

アスヒカズラ

ヒメハナワラビ

オニゼンマイ

ヤツガタケシノブ

アオチャセンシダ

オクヤマワラビ

アオキガハラウサギシダ

イワウサギシダ

チョウセンゴミシ

オオウバユリ

キンセイラン

ホテイラン

タカネアオチドリ

ホテイアツモリソウ

トラキチラン

奥山に住む生物

【第２の危機（手入れ不足）】
これらの生物は、人間の自然環境への手入れ不足を原因とする環境の変化や、狩猟の減少などによるニホンジカの増加が一因で、数を減らしたと考えられています。

※左上のカテゴリーは p.5 - 6 参照。

アオキラン

マツラン

シロウマチドリ

クロクモキリソウ

ホザキイチヨウラン

アリドオシラン

サカネラン

コハクラン

オオバナオオヤマサギソウ

タカネサギソウ

ホソバノキソチドリ

ヒメニラ

ヒメイズイ

クモマスズメノヒエ

チャシバスゲ

奥山に住む生物

【第２の危機（手入れ不足）】
これらの生物は、人間の自然環境への手入れ不足を原因とする環境の変化や、狩猟の減少などによるニホンジカの増加が一因で、数を減らしたと考えられています。

※左上のカテゴリーは p.5 - 6 参照。

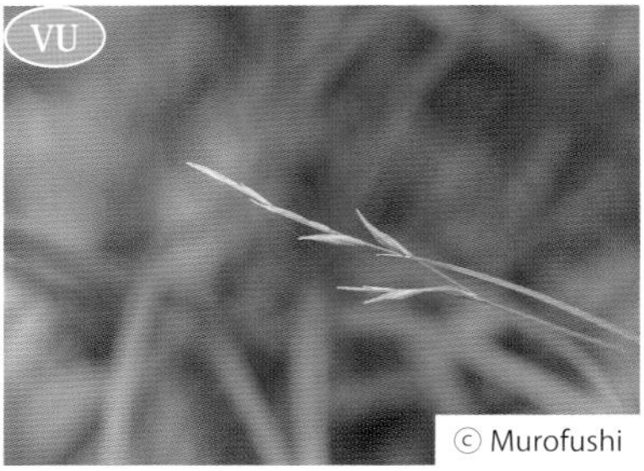

ミヤマジュズスゲ

タカネヤガミスゲ

キンチャクスゲ

エゾツリスゲ

マンシュウクロカワスゲ

ヒカゲシラスゲ

オノエスゲ

ヌイオスゲ

ヒゲハリスゲ

ミヤマハルガヤ

ヒゲノガリヤス

ヤマオオウシノケグサ

タカネタチイチゴツナギ

ハクサンイチゴツナギ

ムカゴツヅリ

奥山に住む生物

【第２の危機（手入れ不足)】
これらの生物は、人間の自然環境への手入れ不足を原因とする環境の変化や、狩猟の減少などによるニホンジカの増加が一因で、数を減らしたと考えられています。

※左上のカテゴリーは p.5 - 6 参照。

ハネガヤ

リシリカニツリ

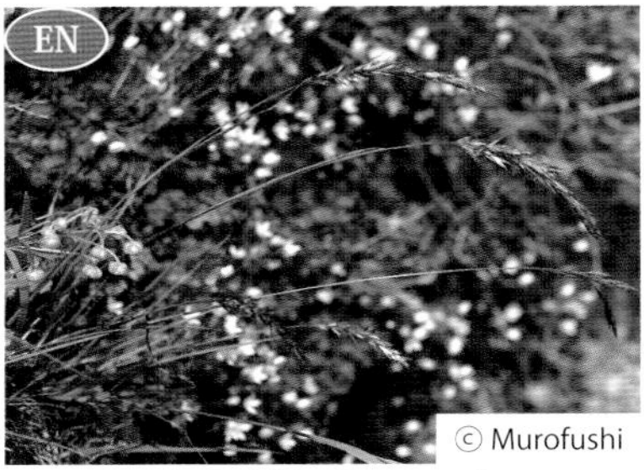

キタダケカニツリ

ナガミノツルケマン

ヒロハヘビノボラズ

キタザワブシ

ヒメカラマツ

ムカゴユキノシタ

クサフジ

ヒナノキンチャク

ハゴロモグサ

キンロバイ

ミヤマモミジイチゴ

キビナワシロイチゴ

ハシバミ

奥山に住む生物

【第２の危機（手入れ不足）】

これらの生物は、人間の自然環境への手入れ不足を原因とする環境の変化や、狩猟の減少などによるニホンジカの増加が一因で、数を減らしたと考えられています。

※左上のカテゴリーは p.5 - 6 参照。

ミヤマニガウリ

ゲンジスミレ

イヨフウロ

トダイアカバナ

ワダソウ

ヒゲネワチガイソウ

ウメウツギ

キョウマルシャクナゲ

ムラサキツリガネツツジ

キバナカワラマツバ

アカイシリンドウ

ヒメセンブリ

ハシドイ

カイジンドウ

ムシャリンドウ

奥山に住む生物

【第２の危機（手入れ不足）】
これらの生物は、人間の自然環境への手入れ不足を原因とする環境の変化や、狩猟の減少などによるニホンジカの増加が一因で、数を減らしたと考えられています。

※左上のカテゴリーは p.5 - 6 参照。

タカネママコナ

シデシャジン

トダイハハコ

キタダケヨモギ

タテヤマギク

モリアザミ

ワタムキアザミ

© Sugino
コウリンカ

© Miyazaki
タカネコウリンカ

© Miyazaki
ナベナ

© Miyazaki
リンネソウ

© T.Kato
スルガヒョウタンボク

© T.Kato
ニッコウヒョウタンボク

© Miyazaki
カノコソウ

© Yuasa
ホソバハナウド

奥山に住む生物

【第２の危機（手入れ不足）】
これらの生物は、人間の自然環境への手入れ不足を原因とする環境の変化や、狩猟の減少などによるニホンジカの増加が一因で、数を減らしたと考えられています。

※左上のカテゴリーは p.5 - 6 参照。

ヤマナシウマノミツバ

サワフタギタケ

イヌワシ

オオアカゲラ

ギンボシヒョウモン

フタスジチョウ

ベニヒカゲ

クモマベニヒカゲ

ウラジャノメ

ヤマコウラナメクジ

オオコウラナメクジ

コラム

奥山に特徴的な生物

本県の奥山を代表する南アルプスの高山帯には、タカネビランジやセンジョウアザミなど南アルプスだけに分布する固有種、タカネマンテマ、ムカゴユキノシタ、ムカゴトラノオなど氷河期の遺存種（かつての氷河期に分布を広げ、その後地球規模の気温上昇の際に高山帯に避難し生き残った種類）が多数生育しています。昆虫類ではテカリダケフキバッタのような固有種、ベニヒカゲやクモマツマキチョウのような分布の南限となる種類が生息しています。

タカネビランジ

テカリダケフキバッタ

ミカワバイケイソウ

© Miyazaki

高さ50～100cmのシュロソウ科多年草です。台地周辺の湧水湿地に生育します。湿地の開発のほか、管理放棄による遷移の進行、乾燥化などで多くが消滅しました。

（植物・菌類編 p.79）

トキワマンサク

© Naito

高さ3～6mのマンサク科の常緑小高木です。暖帯の養分の少ない痩《や》せ山に生育します。アカマツの枯死などによる植生の変化や、様々な人的干渉が減少の要因です。

（植物・菌類編 p.107）

ヌメリアイタケ

© Akiyama

大きさ2～7cmのキノコです。マツと広葉樹の混生林に生育します。マツ枯れによる宿主《しゅくしゅ》樹種の減少や里山の開発のほか、手入れ不足による森林の荒廃や自然遷移の影響により激減しました。

（植物・菌類編 p.417）

サシバ

© Watanabe

中型の猛禽類で、樹林と水辺や湿地、草地がある谷戸環境を有する里山が生息適地です。里山における小規模耕作地（水田のほか茶畑、ミカン園など）が放棄により樹林化することも採餌環境の減少につながり、生息を脅かしています。（動物編 p.114）

オオルリハムシ

体長9～14mmの大型のハムシです。シソ科のシロネ、ヒメシロネ、エゴマなどが生育する湿性草原に生息します。植生遷移の進行や乾燥化が進むことなどで生息環境が変化することが減少の主要因です。

（動物編 p.326）

ヒメシジミ

開張およそ30mmのシジミチョウです。草原や火山荒原に生息します。採草のための火入れなどをしなくなったことにより草原の質が低下し、さらに遷移が進むことが脅威です。

（動物編 p.273）

ベニゴマガイ

殻高3mmほどの微小な陸貝です。落葉・常緑広葉樹林の林床の落ち葉の下などに生息します。ニホンジカの過剰な採食による林床植生の消失や質の低下などが脅威です。

（動物編 p.445）

ミヤマヒダリマキマイマイ

殻径30mm前後の大型の陸貝です。山地の広葉樹の自然林に多くの生息地があり、やや湿った礫地の林床に生息します。ニホンジカの過剰な採食による林床植生の環境の悪化や、表土の流出などが脅威です。

（動物編 p.489）

里地里山・田園に住む生物

【第２の危機（手入れ不足）】
これらの生物は、人間の自然環境への手入れ不足を原因とする環境の変化や、狩猟の減少などによるニホンジカの増加が一因で、数を減らしたと考えられています。

※左上のカテゴリーは p.5 - 6 参照。

ケホシダ

コウライイヌワラビ

ミドリワラビ

イワヤシダ

イヨクジャク

ニセコクモウクジャク

イズヤブソテツ

ヒロハヤブソテツ

ツクシヤブソテツ

タニヘゴ

カギガタアオイ

ミツバテンナンショウ

シラン

ヒメノヤガラ

ムカゴソウ

里地里山・田園に住む生物

【第２の危機（手入れ不足）】
これらの生物は、人間の自然環境への手入れ不足を原因とする環境の変化や、狩猟の減少などによるニホンジカの増加が一因で、数を減らしたと考えられています。

※左上のカテゴリーは p.5 - 6 参照。

アオフタバラン

ムカゴサイシン

キバナノショウキラン

カキツバタ

ステゴビル

クロイヌノヒゲ

イトテンツキ

9784907118501

ISBN978-4-907118-50-1
C0045 ¥1364E
定価：本体1,364円+税

サワヒメスゲ

オニナルコスゲ

アワボスゲ

ホソバヒカゲスゲ

ニシノホンモンジスゲ

カガシラ

【第２の危機（手入れ不足）】

これらの生物は、人間の自然環境 の手入れ不足を原因とする環境の 化や、狩猟の減少などによるニホ ジカの増加が一因で、数を減らし と考えられています。

※左上のカテゴリーは p.5 - 6 参照。

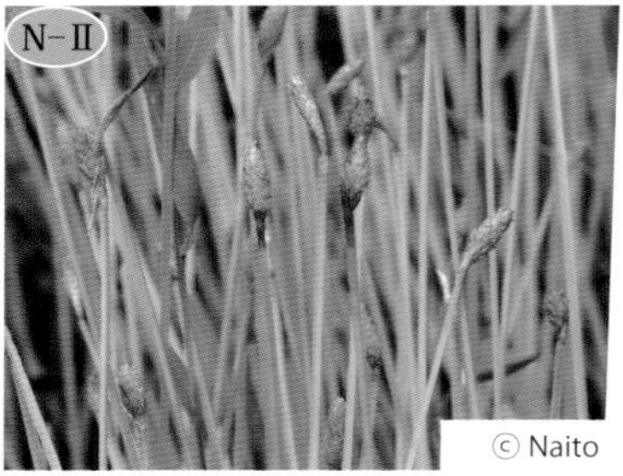

ⓒ Naito

マシカクイ

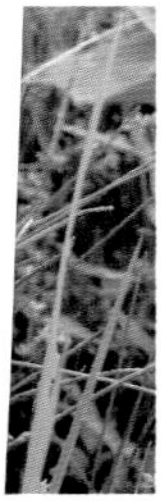
lurofushi

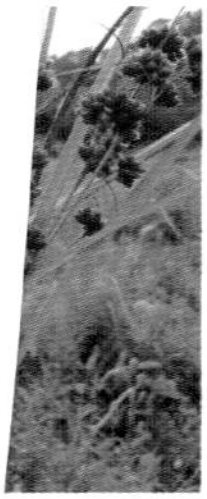
ⓒ Miyazaki

ⓒ Miyaza

ウンヌケモドキ

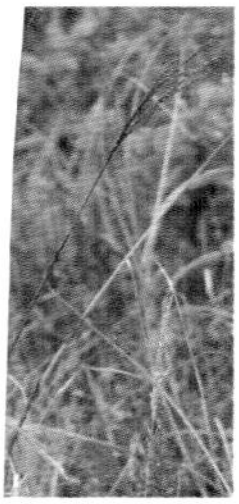
ⓒ Naito

ⓒ Yuasa

ツゲ

ⓒ Naito

コウヤミズキ

地方小出版 流通センター 取扱品

売上カード

絶滅の危機にある
しずおか野生生物図鑑

羽衣出版刊

ISBN978-4-907118-50-1 C0045 ¥1364E 定価 本体1,364円+税

注文数	日 付
冊	月 日

地方小出版流通センター
〒162-0836
東京都新宿区南町20
TEL 03-3260-0351
FAX 03-3235-6182

ヤブサンザシ

ムカゴネコノメソウ

ミヤマトベラ

レンリソウ

カワラサイコ

ヒロハノカワラサイコ

ミヤマワレモコウ

ハコネグミ

里地里山・田園に住む生物

【第２の危機（手入れ不足）】
これらの生物は、人間の自然環境への手入れ不足を原因とする環境の変化や、狩猟の減少などによるニホンジカの増加が一因で、数を減らしたと考えられています。

※左上のカテゴリーは p.5 - 6 参照。

ⓒ Murofushi

イワウメヅル

ⓒ Miyazaki

ノウルシ

ⓒ Miyazaki

マツバニンジン

ⓒ Nishiguchi

タチバナ

ⓒ Kanishi

サクラガンピ

ⓒ Miyazaki

ハナハタザオ

ⓒ Naito

ヤナギヌカボ

オオツルコウジ

オオヤマツツジ

ナガボナツハゼ

イヌセンブリ

チョウジソウ

クサナギオゴケ

スズサイコ

クサタチバナ

【第２の危機（手入れ不足)】

これらの生物は、人間の自然環境への手入れ不足を原因とする環境の変化や、狩猟の減少などによるニホンジカの増加が一因で、数を減らしたと考えられています。

※左上のカテゴリーは p.5 - 6 参照。

ムラサキ

アオホオズキ

ヒヨクソウ

ゴマノハグサ

タチキランソウ

ヤマジソ

シマジタムラソウ

イズコゴメグサ

ミカワシオガマ

キヨスミウツボ

ヒキヨモギ

オオヒキヨモギ

シブカワニンジン

バアソブ

イズハハコ

里地里山・田園に住む生物

【第２の危機（手入れ不足)】
これらの生物は、人間の自然環境への手入れ不足を原因とする環境の変化や、狩猟の減少などによるニホンジカの増加が一因で、数を減らしたと考えられています。

※左上のカテゴリーは p.5 - 6 参照。

クサノオウバノギク

フジバカマ

ホソバニガナ

タカサゴソウ

ヤマヒョウタンボク

フキヤミツバ

キヒダイッポンシメジ

ヒメウグイスイグチ

アオゾメクロツブタケ

ゴムショウロ

シロアンズタケ

ウズタケ

アオロウジ

カヤネズミ

ウズラ

里地里山・田園に住む生物

【第２の危機（手入れ不足）】
これらの生物は、人間の自然環境への手入れ不足を原因とする環境の変化や、狩猟の減少などによるニホンジカの増加が一因で、数を減らしたと考えられています。

※左上のカテゴリーは p.5 - 6 参照。

ヨタカ

ヤマシギ

ハイイロチュウヒ

フクロウ

トラフズク

コミミズク

コチョウゲンボウ

ミヤマホオジロ

ウスバカマキリ

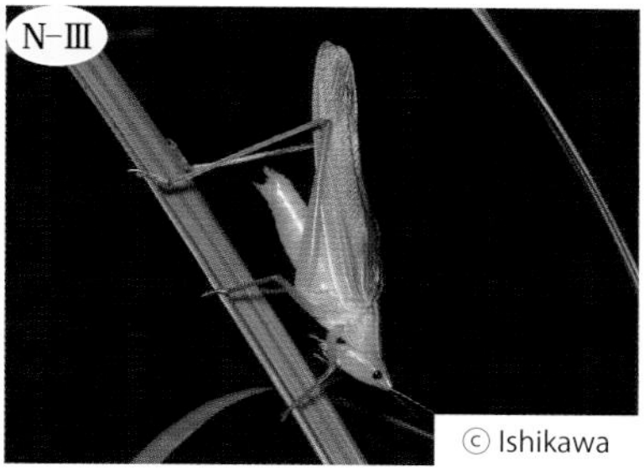

オオクサキリ

オオオカメコオロギ

ハネナガイナゴ

タカネヒナバッタ

アカマダラコガネ

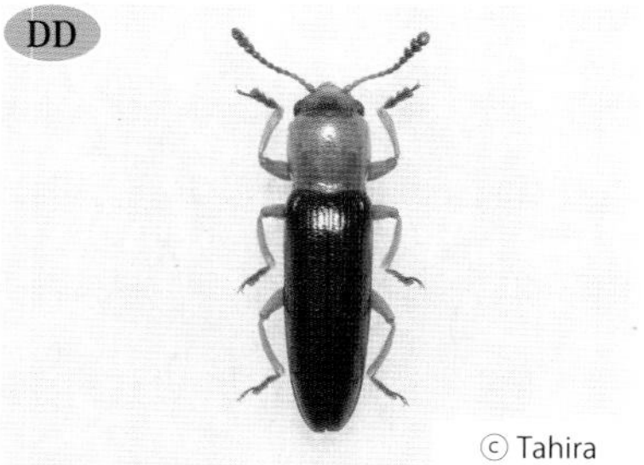

アオバヒメコメツキモドキ

【第２の危機（手入れ不足）】

これらの生物は、人間の自然環境への手入れ不足を原因とする環境の変化や、狩猟の減少などによるニホンジカの増加が一因で、数を減らしたと考えられています。

※左上のカテゴリーは p.5 - 6 参照。

ケブカマルクビカミキリ

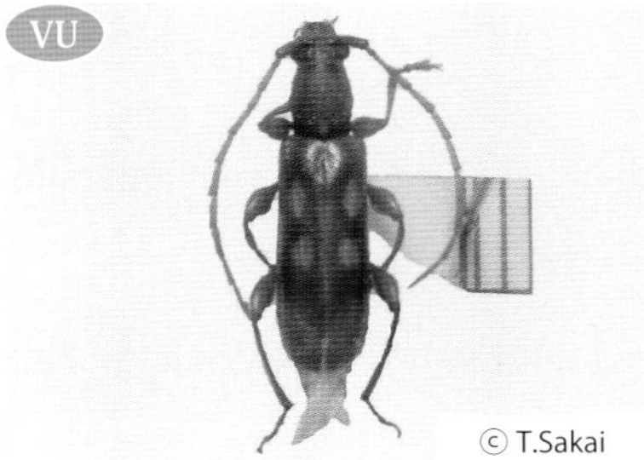

ヨツボシカミキリ

ホシチャバネセセリ

ヘリグロチャバネセセリ

コキマダラセセリ

オオチャバネセセリ

ヒメシロチョウ

ヤマキチョウ

ウラナミアカシジミ

オナガシジミ

ハヤシミドリシジミ

クロシジミ

ゴマシジミ

アサマシジミ

ヒョウモンチョウ

里地里山・田園に住む生物

【第２の危機（手入れ不足）】

これらの生物は、人間の自然環境への手入れ不足を原因とする環境の変化や、狩猟の減少などによるニホンジカの増加が一因で、数を減らしたと考えられています。

※左上のカテゴリーは p.5 - 6 参照。

ウラギンスジヒョウモン

クモガタヒョウモン

ホシミスジ

オオムラサキ

クロヒカゲモドキ

キマダラモドキ

サトキマダラヒカゲ

カバイロシャチホコ

トラサンドクガ

コシロシタバ

イボイボナメクジ

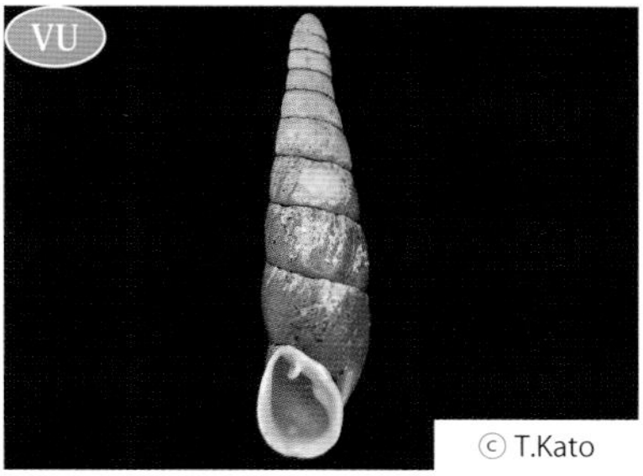

オオトノサマギセル

サドタカキビ

レンズガイ

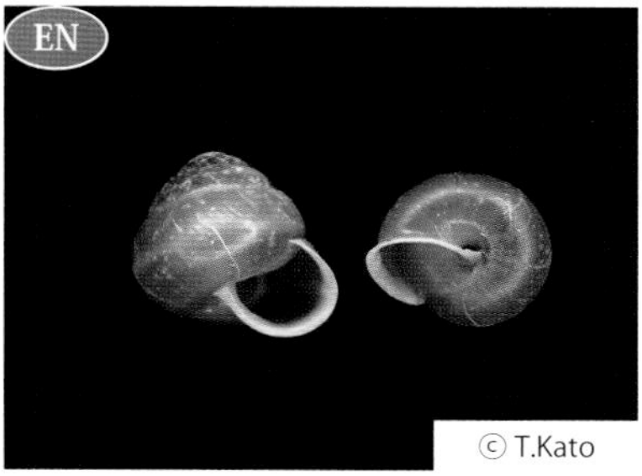

ヤセアナナシマイマイ

コラム

茶草《ちゃぐさ》場《ば》農法

―生物多様性の保全に貢献―

伝統的農法である「静岡の茶草場農法」は、採草地で刈り取って干したササやススキなどを茶園の隙間に敷くことによって、有機肥料となり、土壌が改善され、良質な茶の生産を行う農法です。その農法の実施によって草地性の希少な生物であるフジタイゲキという植物や、カケガワフキバッタという静岡県固有の昆虫を維持してきたことがわかってきました。掛川市東山地区では、地権者、耕作者および行政の３者が協力し、伝統的農法により希少生物の保護活動を行っています。

干し草

フジタイゲキ

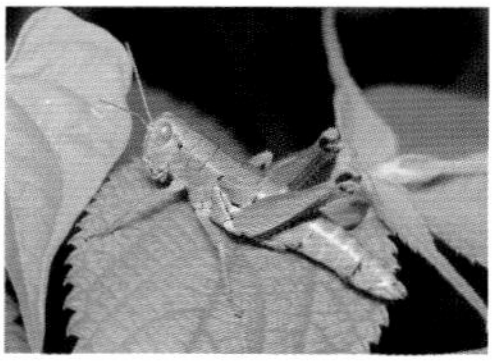
カケガワフキバッタ

コラム

草原性生物の衰亡

富士山麓の朝霧高原をはじめとした草原では、草原性の生物が減少しています。特にチョウ類のチャマダラセセリは県内から絶滅し、ヒョウモンチョウ、ホシチャバネセセリなどは、危機が増大しています。

草原の植物では、春に可《か》憐《れん》な花を咲かせるキスミレ、サクラソウ、レンリソウやヒメアマナなどはみることができなくなっています。

チャマダラセセリ

ヒョウモンチョウ

キスミレ

コラム

自然とのつながりを維持する

―第２の危機「手入れ不足」の脅威を減らすために―

人の手により成立してきた自然環境を維持するため、私たちができることを考えてみましょう。

【伝統的な農法や地域文化の保全・継承】

「静岡の茶草場農法」などの伝統的農法では、在来作物や地域の食文化が残っています。今後も生物多様性の恵みである在来作物などの価値について継承を図り、保存に向けて取り組んでいくことが必要です。

【森林、農地、草地などの利用・保全】

里山の森林は、木材や薪の生産や山菜などの採集の場として利用されてきました。人工林や雑木林を適正に管理することで、希少生物の保全とともに、豪雨時の災害や松枯れなどの防止を図ることができます。

河川・湖沼・湿地に住む生物

ミズアオイ

高さ 30 ～ 70cm の一年草です。池沼や水田、水路などに生育します。池沼の埋め立て、耕地整備による水路のコンクリート化や水田の乾田化などのほか植生遷移が減少の要因です。

（植物・菌類編 p.178）

サワトラノオ

高さ 40 ～ 80cm の多年草です。低地の日当たりのよい湿地に生育します。土地造成などの湿地開発のほか、管理放棄による植生の遷移が減少の要因です。

（植物・菌類編 p.118）

ヒメシロアサザ

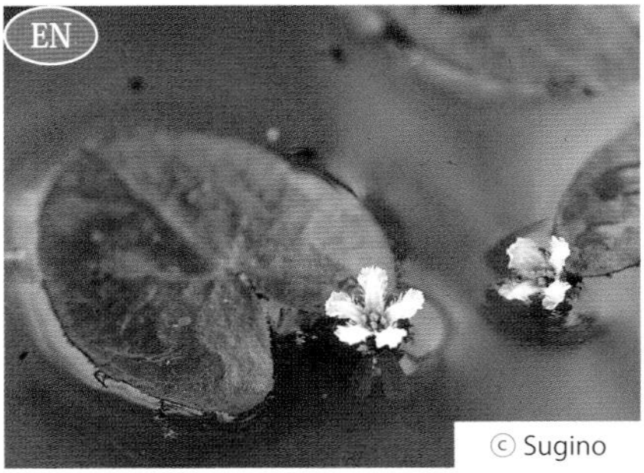

葉は径 2 ～ 5cm の浮葉性の多年草で、池沼に生育します。池沼が埋め立てられて生育環境が消失したほか、遷移が進み乾燥化して環境が悪化したことが減少の要因です。

（植物・菌類編 p.132）

タゲリ

全長約 32cm のチドリです。開けた水田の刈り跡や耕作地、草地などに生息します。耕作地の管理放棄に伴う草地化などが、生息環境の消滅という脅威になります。

（動物編 p.129）

アカザ

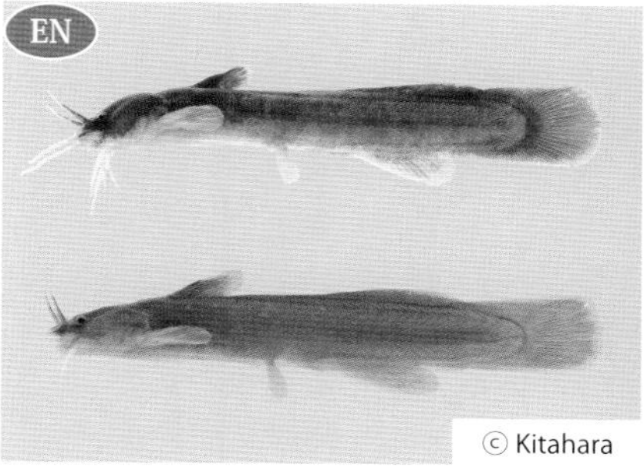

全長約 12cm のアカザ科魚類です。河川の中流域上部から上流域下部にかけて生息します。河川改修によるコンクリート化や流れの平坦《へいたん》化のほか、山林荒廃による土砂流入で礫底《れきてい》の隙間が失われることが脅威です。

（動物編 p.195）

カジカ

全長約 15cm のカジカ科魚類です。主に河川上流域下部に生息します。河川整備のほか山林荒廃による土砂流入で瀬の礫底の隙間が埋められ生息環境が悪化することが脅威です。

（動物編 p.204）

ハッチョウトンボ

体長は 17 ～ 21mm の非常に小型のトンボです。周囲に樹林があり、浸出水などによって生じた草丈の低い湿地に生息します。人間活動による影響のほか、湿地の遷移進行や乾燥化が減少の要因です。

（動物編 p.267）

セラネクイハムシ

体長 5.8 ～ 8.4mm の中型のハムシです。植物のコウホネ類が生育する池沼に生息します。植生遷移に伴ってコウホネがなくなると直ちに絶滅につながります。

（動物編 p.366）

河川・湖沼・湿地に住む生物

【第２の危機（手入れ不足）】
これらの生物は、人間の自然環境への手入れ不足が原因で環境が変化したり、狩猟の減少などによるニホンジカの増加が一因で、数を減らしたと考えられています。

※左上のカテゴリーは p.5 - 6 参照。

ⓒ Naito
ミクリガヤ

ⓒ Miyazaki
ミカワシンジュガヤ

ⓒ Naito
ミズキカシグサ

ⓒ Watanabe
ヒクイナ

ⓒ Tominaga
アカハライモリ中部日本系統

ⓒ Kasuya
ルリイトトンボ

ⓒ Kasuya
ネアカヨシヤンマ

マダラナニワトンボ

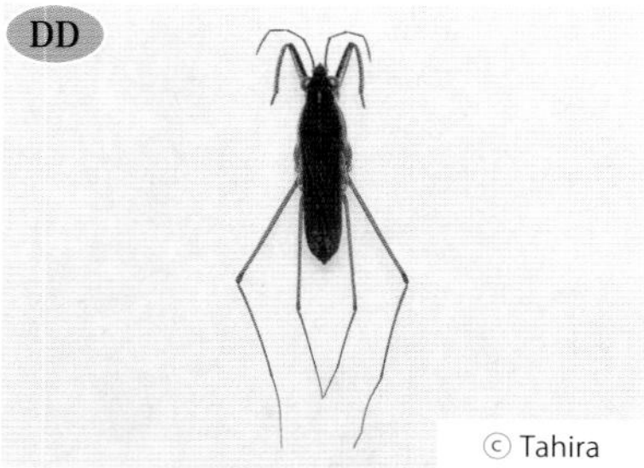

ババアメンボ

ミヤケミズムシ

キボシチビコツブゲンゴロウ

ケシゲンゴロウ

ニセコケシゲンゴロウ

コウベツブゲンゴロウ

キタノツブゲンゴロウ

河川・湖沼・湿地に住む生物

【第２の危機（手入れ不足)】
これらの生物は、人間の自然環境への手入れ不足を原因とする環境の変化や、狩猟の減少などによるニホンジカの増加が一因で、数を減らしたと考えられています。

※左上のカテゴリーは p.5 - 6 参照。

VU

ルイスツブゲンゴロウ

キベリクロヒメゲンゴロウ

VU

コミズスマシ

ヒメミズスマシ

ヘイケボタル

オオチャバネヨトウ

ガマヨトウ

海岸に住む生物

ハマビシ

ⓒ Pixta

一年草または越年草です。茎は地表面に沿って伸びる性質をもち 1m に達します。海岸の砂地に生育します。海岸の開発のほか、植生遷移による環境変化が減少の主要因です。
（植物・菌類編 p.108）

ホソバハマアカザ

ⓒ Naito

高さ 40 ～ 60cm の一年草です。海岸の砂浜、主に塩湿地に生育します。海岸開発や海岸植生の遷移などが減少の主要因です。
（植物・菌類編 p.369）

ショウロ

ⓒ Ogura

卵形から扁球形、径 1.5 ～ 3cm のキノコです。主に海岸のクロマツ林の砂地に発生します。松葉掻《か》きが減って松葉が堆積し林床が富栄養化すると、貧栄養地を好むショウロの生育悪化が進み減少の主要因となります。
（植物・菌類編 p.448）

シモコシ

ⓒ Ogura

傘の径が 5 ～ 10cm のキノコです。主に砂浜海岸後背地のクロマツ林に生育します。有機物の少ない砂地のクロマツ林に生育するため、マツ林の管理不足による生育環境悪化が減少の主要因です。
（植物・菌類編 p.399）

3.第3の危機（人により持ち込まれたものによる危機）

（ア）外来生物の脅威

元からその地域に自然分布していた生物を「在来生物（在来種）」といいます。それに対して、人の手によって本来自然分布していなかった場所に移送または移入された生物を「外来生物（外来種）」といいます（意図的か意図的でないかの違いはありません）。

外来生物には、国外からのほか、国内の他地域から持ち込まれたものも含まれます。外来生物は、新たに侵入した地域に「競争相手の敵」がいないため、勢力（数や分布）を拡大することがあります。

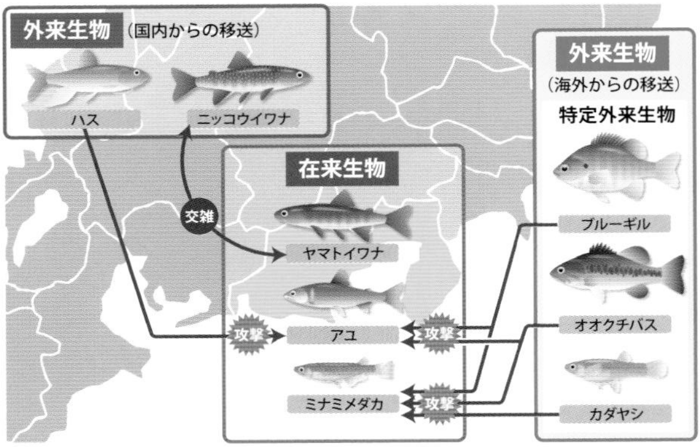

在来生物と外来生物の定義（魚類の事例）

外来生物の在来生物への影響は三つあります。

影響の一つ目は「捕食」です。オオクチバス、アメリカザリガニのような外来生物が、在来の魚類、ヤゴ、ゲンゴロウなどを食べつづけ、その地域の生物多様性を大きく低下させます。

影響の二つ目は「すみかを奪う」です。例えば、観賞用のホテイアオイのような水生植物が水面を埋めつくすまでに広がると、水中に光が届かなくなり、在来の沈水《ちんすい》植物（体全部が水中にある植物）や水生動物が生息・生育できなくなります。

外来種のオオクチバス

移植されたスイレン

影響の三つ目は「遺伝子かく乱」です。ここでいう遺伝子とは、生物の種類だけではなく、ある地域に継承されてきた地域固有の遺伝子を指ししています。例えば、本来分布していない河川に、他地域の同じ種類の魚を放流すると、在来の遺伝子をもった個体群と外からきた個体が交雑してしまうため、遺伝的かく乱を生じ、長い歴史の中で独自に進化してきた特性が失われることになります。

（イ）化学物質の脅威

十分処理していない家庭や工場、工事などから発生する排水は、水生生物の生息・生育環境を悪化させます。殺虫剤や除草剤などを含む、様々な化学物質も同様です。例えば水田に農薬が使用されると、ドジョウやオタマジャクシ、ヤゴなどの水生生物にも影響が及び、田んぼには生物が住めなくなってしまいます。

小さな生物がより大きな生物に食べられていく食物連鎖の過程で、化学物質は濃縮されていきます。それは高次の捕食者になるほど高濃度に濃縮され、毒性が非常に大きくなります。過去に使われていた毒性の強い化学物質は分解されずに今も生態系の中を循環しているのです。

魚を餌とする高次捕食者のミサゴ

アゼオトギリ

高さ 10 ～ 40cm の多年草です。原野や水田の畦、水路脇などの湿った陽光の地に生育します。湿地の減少、耕地整備のほか農薬の使用、水質の悪化が脅威です。
（植物・菌類編 p.113）

イヌノフグリ

茎は下部で分枝して広がる越年草です。各地の日当たりがよい土手や道路脇の草地、または石垣に生育します。土地造成や草地の減少のほか農薬汚染も脅威です。
（植物・菌類編 p.266）

アキノハハコグサ

高さ 30 ～ 80cm の一年草です。暖帯の丘陵から山地の乾いた崖状地や日当たりのよい草地に生育します。草が密生するなどの植生遷移が減少の主要因ですが、崖状地に外来種の吹き付けをすることも脅威です。
（植物・菌類編 p.236）

オナモミ

高さ 20 ～ 100cm の一年草です。低地の荒れ地から海岸や河原に生育します。県内の低地には広く分布していましたが、近縁な外来種のオオオナモミとの競争で追いやられ、また交雑により子孫を残せなくなり減少しました。（植物・菌類編 p.378）

チュウヒ

© Watanabe

中型の猛禽類です。広いヨシ原のあるような湿地や埋立地の草地に好んで生息します。餌場やねぐらとなる環境の開発のほか、餌となる動物に残留する薬剤による影響が心配されています。

（動物編 p.86）

アカイシサンショウウオ

© Kokuryo

全長 10cm 程度のサンショウウオです。小さな渓流や源流域を含む針広混交林に生息します。道路建設、森林伐採、河川改修などに伴う土砂の流入、水質汚濁などが脅威です。

（動物編 p.163）

ニホンアカガエル

© Konagaya

体長 4 ～ 7cm のカエルです。平地や丘陵地の水田や湿地、池などの止水域（流れのない水域）で繁殖します。繁殖地の開発のほかに、除草剤、殺虫剤の散布によりエサとなる昆虫が減少することも脅威です。

（動物編 p.167）

モリアオガエル

© Ishikawa

体長 5 ～ 9cm のカエルです。主に山地にみられ、繁殖場所は池沼、水田など止水域（流れのない水域）です。生息地での開発のほかに、外来生物による捕食や産卵場所への汚水流入も脅威です。

（動物編 p.172）

【第３の危機】
（人の持ち込みによる影響）

これらの生物は、人間が外から持ち込んだ外来生物、化学物質、汚水などが原因で、数を減らしたと考えられています。

※左上のカテゴリーは p.5 - 6 参照。

ミズオオバコ

アズマツメクサ

ミズマツバ

ウスゲチョウジタデ

コイヌガラシ

サイコクヌカボ

コギシギシ

オオアブノメ

スズメハコベ

ヒメハッカ

ミゾコウジュ

ノニガナ

ニホンリス

ヤマドリ

アオバズク

里地里山・田園に住む生物

【第３の危機】
（人の持ち込みによる影響）

これらの生物は、人間が外から持ち込んだ外来生物、化学物質、汚水などが原因で、数を減らしたと考えられています。

※左上のカテゴリーは p.5 - 6 参照。

イイジマムシクイ

ウチヤマセンニュウ

オカダトカゲ

ヒガシニホントカゲ

アズマヒキガエル

ナゴヤダルマガエル

ダイコクコガネ

コラム

外来生物による希少生物への影響

海外から持ち込まれて野生化したアライグマにより、小動物（イシガメなど）や農作物などに大きな被害が出ています。希少な在来のカエル類やサンショウウオ類などへの影響が大変心配されます。

アメリカザリガニは既に全国に広がり、水草や水生昆虫などを食べ尽くされたところもあります。トンボの楽園である磐田市の桶ヶ谷沼では、希少なベッコウトンボが激減しました。

本来の生態系に大きな影響を及ぼす外来生物はできる限り駆除しなければなりません。また、ペットとして飼育している動物は責任をもって最後まで世話を続け、決して野外に放すことはしないように心がけましょう。

アライグマ

ミシシッピアカミミガメ

アメリカザリガニ

コラム

保護活動のつもりが在来生物を滅ぼす

飼育したゲンジボタル幼虫が各地で放流されてきました。しかし、他地域由来のホタルやその餌となるカワニナの放流も、在来個体群の遺伝的かく乱となります。また、カワニナに外来種のタイワンシジミ類が混入し、在来種のマシジミが駆《く》逐《ちく》される被害もでています。自然保護活動のつもりでも、生態系に負の影響を与えることのないよう、今後は他地域からの生物の移植・放流は行わず、事前に十分検討する必要があります。

河川・湖沼・湿地に住む生物

クロホシクサ

© Miyazaki

葉は線形で長さ4～10cm、幅1～2mmの一年草です。池沼や水田などの湿地に生育します。湿地や沼地の開発、乾田化などのほか、除草剤の影響も生育への脅威です。

（植物・菌類編 p.96）

ミズネコノオ

© Miyazaki

高さ15～50cmの一年草です。休耕田や低湿地に生育します。湿地の開発や植生遷移および水田での除草剤の使用が減少の主要因です。

（植物・菌類編 p.127）

ミコアイサ

© Kitagawa

全長約42cmのパンダに似た趣きをもつカモです。冬鳥として渡来し、湖沼、河口、養魚池などに生息します。減少の要因は、水質の悪化やレジャー圧の増加が考えられます。

（動物編 p.127）

ニホンイシガメ

© H.Kato

甲長13～20cmの日本固有のカメです。流水域で透明度が高い河川を好み、水田や池沼、湿原にも生息します。開発や乱獲のほか、外来カメ類との競合や交雑が危惧されています。

（動物編 p.154）

ドジョウ

全長約15cmのドジョウ科魚類です。主に緩流や止水域に生息します。河川の三面コンクリート水路化や落差工による不連続化、外来生物のカラドジョウとの競争が減少の原因と考えられます。
（動物編 p.207）

ベッコウトンボ

体長40～46mmのトンボです。ヨシなどの抽水植物（水中からぬき出て生育する植物）がまばらに生え、腐植物が厚く堆積した池沼に生息します。農薬や生活排水の流入による水質悪化のほか、外来生物による捕食も脅威です。（動物編 p.250）

ゲンゴロウ

体長34～42mmの大型のゲンゴロウです。水生植物が豊富な池沼や放棄水田、湿地に生息します。埋め立てなどの開発のほか、池沼への農薬などの流入や植生の遷移に伴う水質悪化が脅威です。
（動物編 p.268）

マシジミ

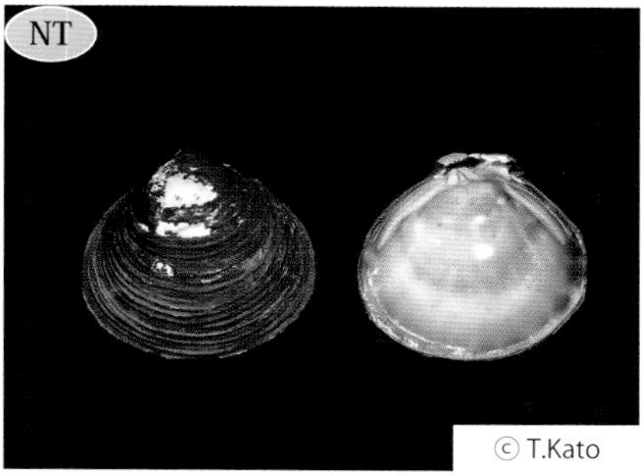

殻長20～30mmの淡水産二枚貝です。河川や池沼などの砂礫底《されきてい》に生息します。生活排水などの影響を受けてきましたが、最近は繁殖力がきわめて強い外来生物のタイワンシジミ類の急速拡大が脅威です。
（動物編 p.492）

河川・湖沼・湿地に住む生物

【第３の危機】

（人の持ち込みによる影響）

これらの生物は、人間が外から持ち込んだ外来生物、化学物質、汚水などが原因で、数を減らしたと考えられています。

※左上のカテゴリーは p.5 - 6 参照。

ミズニラ

オオアカウキクサ

サンショウモ

ジュンサイ

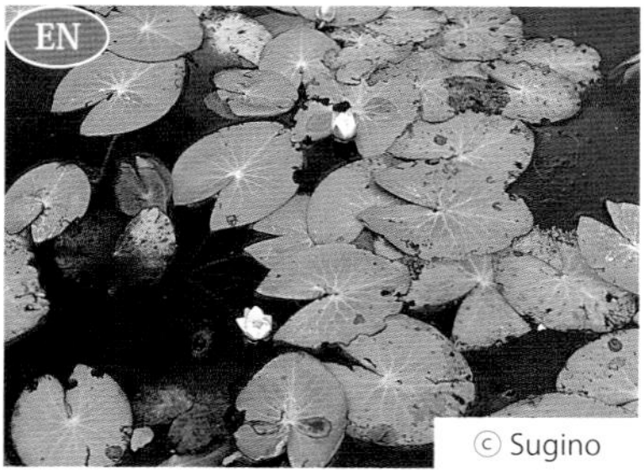

ヒツジグサ

マルミスブタ

スブタ

トチカガミ

ムサシモ

サガミトリゲモ

イトトリゲモ

トリゲモ

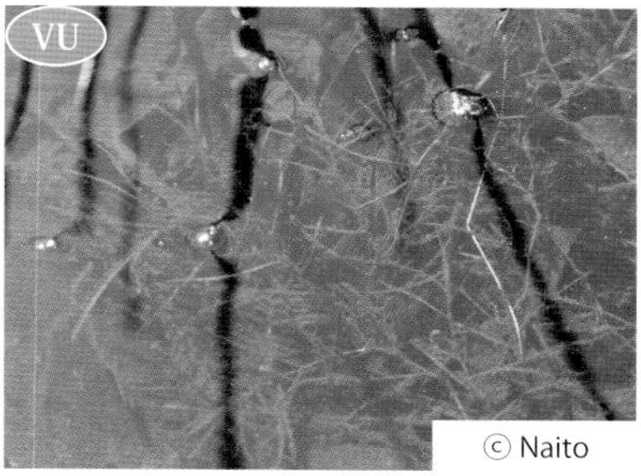

イトモ

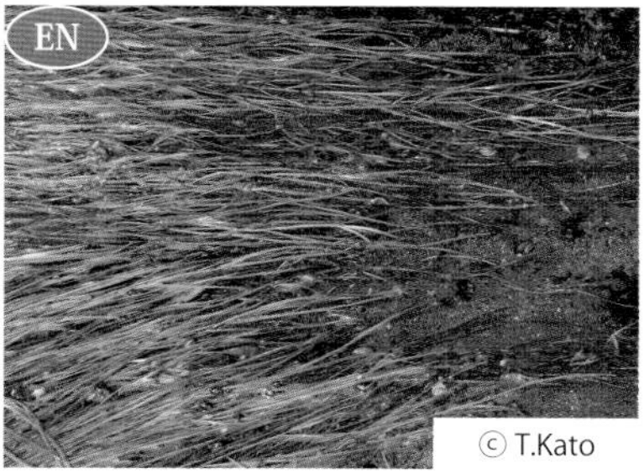

リュウノヒゲモ

ヒロハノエビモ

【第３の危機】

（人の持ち込みによる影響）

これらの生物は、人間が外から持ち込んだ外来生物、化学物質、汚水、廃棄物などが原因で、数を減らしたと考えられています。

※左上のカテゴリーは p.5 - 6 参照。

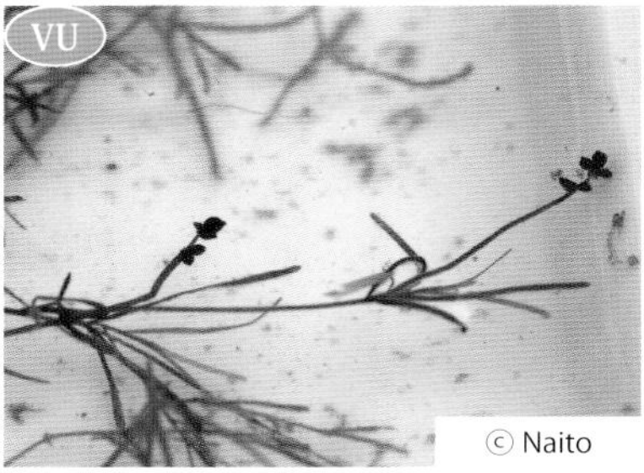

ツツイトモ

ナガエミクリ

ゴマシオホシクサ

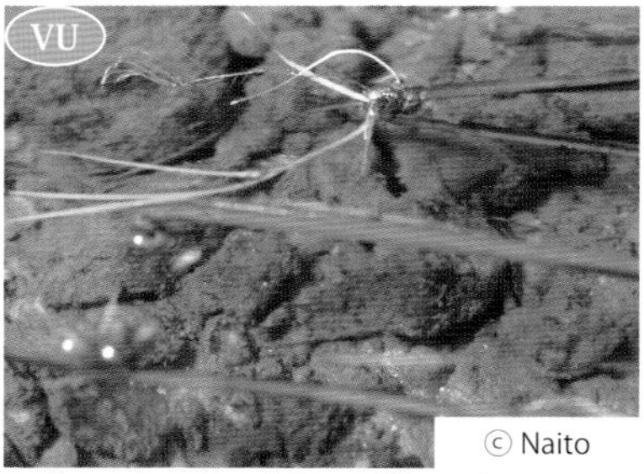

ハタベカンガレイ

ミシマバイカモ

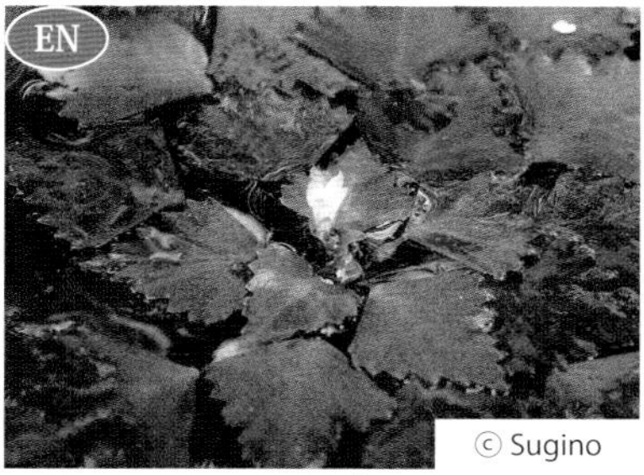

ヒメビシ

ノタヌキモ

イヌタヌキモ

ミカワタヌキモ

ガガブタ

カワネズミ

クイナ

オジロワシ

ニホンスッポン

トノサマガエル

【第３の危機】
（人の持ち込みによる影響）
これらの生物は、人間が外から持ち込んだ外来生物、化学物質、汚水などが原因で、数を減らしたと考えられています。

※左上のカテゴリーは p.5 - 6 参照。

カジカガエル

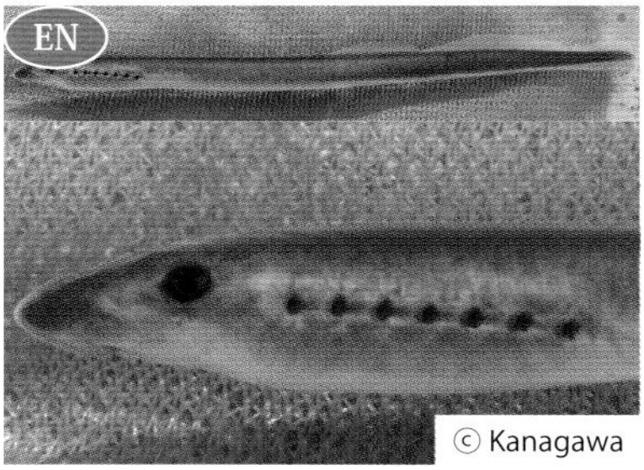

スナヤツメ北方種

カワバタモロコ

タカハヤ

ホトケドジョウ

ヤマトイワナ

アマゴ（サツキマス）

ミナミメダカ

オオクチユゴイ

ユゴイ

ユウスイミミズハゼ

シロウオ

オツネントンボ

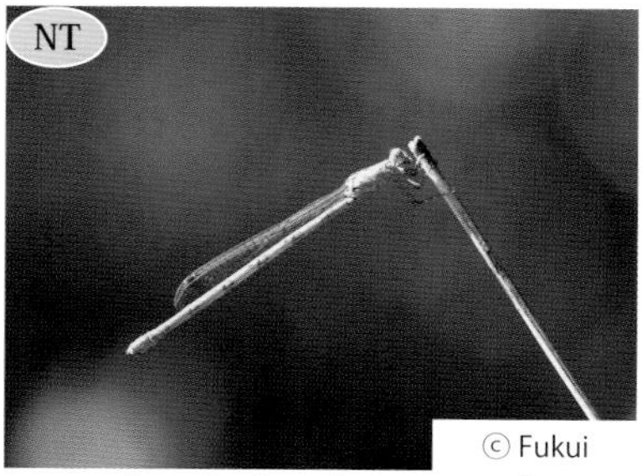

ホソミオツネントンボ

コバネアオイトトンボ

河川・湖沼・湿地に住む生物

【第３の危機】
（人の持ち込みによる影響）
これらの生物は、人間が外から持ち込んだ外来生物、化学物質、汚水などが原因で、数を減らしたと考えられています。

※左上のカテゴリーは p.5 - 6 参照。

ベニイトトンボ

オオイトトンボ

カトリヤンマ

コサナエ

フタスジサナエ

タベサナエ

トラフトンボ

キトンボ

イズササキリ

ホッケミズムシ

コバンムシ

クロホシコガシラミズムシ

コガタノゲンゴロウ

オオミズスマシ

ミズスマシ

河川・湖沼・湿地に住む生物

【第３の危機】

（人の持ち込みによる影響）

これらの生物は、人間が外から持ち込んだ外来生物、化学物質、汚水などが原因で、数を減らしたと考えられています。

※左上のカテゴリーは p.5 - 6 参照。

ガムシ

アシナガミゾドロムシ

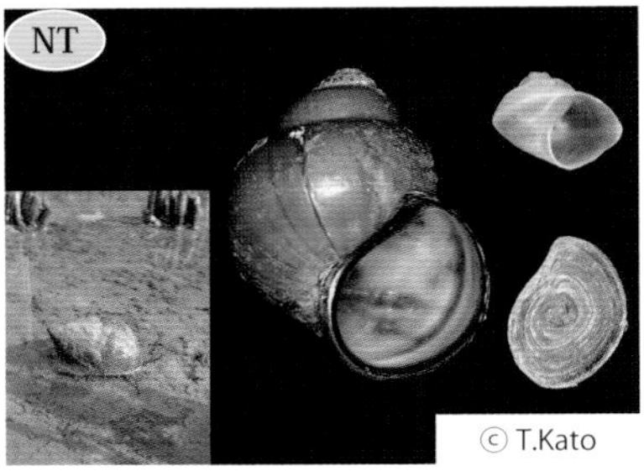

マルタニシ

オオタニシ

カタヤマガイ

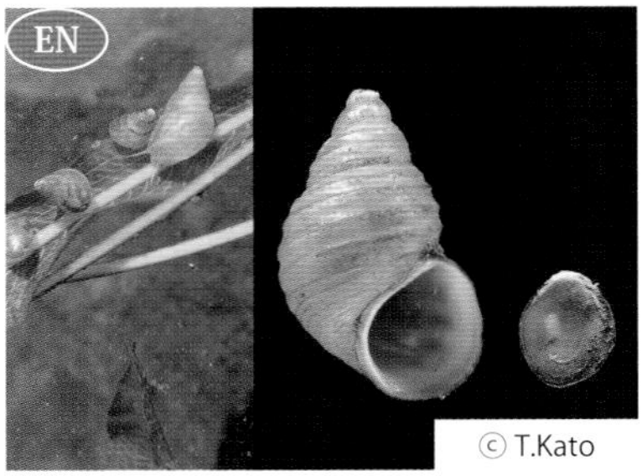

マメタニシ

クロダカワニナ

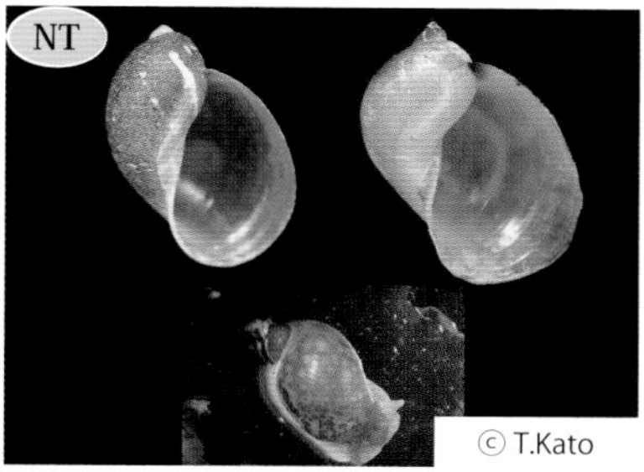

モノアラガイ

ヒラマキガイモドキ

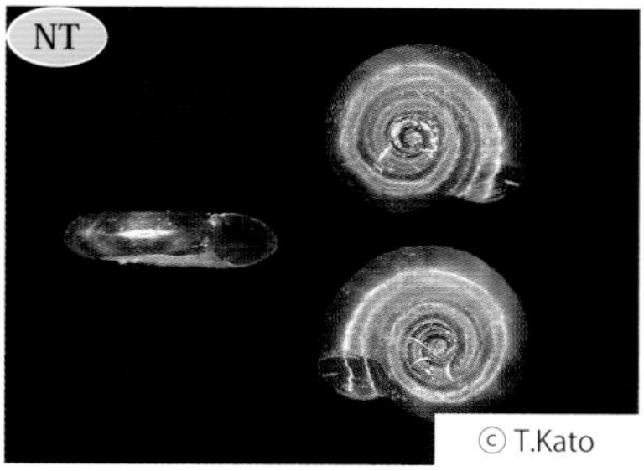

ヒラマキミズマイマイ

トウキョウヒラマキガイ

ミズコハクガイ

ヒダリマキモノアラガイ

イシガイ

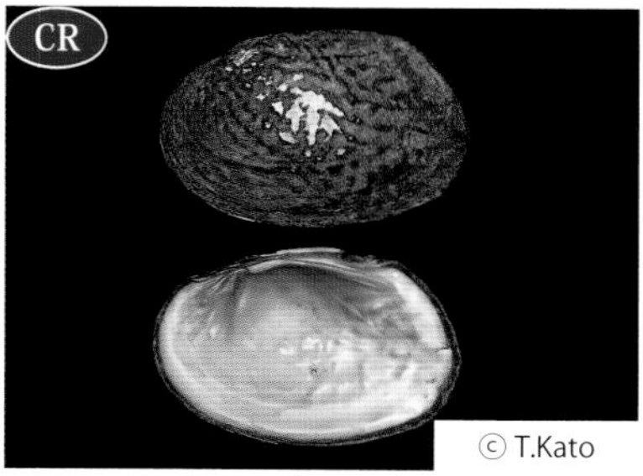

マツカサガイ

海岸に住む生物

シバナ

© Miyazaki

高さ 10 ～ 40cm の多年草です。河口や入り江の潮間帯で、潮の干満が穏やかな塩性湿地に生育します。護岸や埋め立てなどの海岸の開発行為が減少の主要因ですが水質汚染も脅威です。

（植物・菌類編 p.44）

ハチジョウナ

© Naito

高さ 30 ～ 100cm の多年草です。荒れ地や海辺の砂地に生育します。生育環境の減少と他の海浜植物との競合が減少の主要因です。

（植物・菌類編 p.239）

ハヤブサ

© Kitagawa

中型の猛禽類です。海岸や河川などの開放的な環境に生息します。1950 ～ 1970 年代に有機塩素系農薬により世界的に激減しました。日本においても同様の原因が考えられています。

（動物編 p.118）

タメトモマイマイ

© T.Kato

殻高 19mm ほどの、主に島に生息する中型の陸貝です。リゾート開発による環境の悪化や、生息地付近に散布された殺虫剤の影響などが減少の主要因と考えられます。

（動物編 p.443）

オオイチモンジ

ⓒ Komatsu

翅を広げると 90 ～ 100mm のチョウです。ドロノキが生育する渓流沿いに生息します。台風などによる出水でドロノキ林が流失するような被害は本種の生息への脅威です。

（動物編 p.261）

ヤマキレアミグモ

ⓒ Tanikawa

体長 4.0 ～ 6.5mm の高地性のクモです。山地から亜高山帯の山小屋、廃屋、岩場などに生息します。北方系種で涼しい環境を好むため、地球温暖化による温度上昇は生息への脅威です。

（動物編 p.528）

ミドリアシナガグモ

ⓒ Tanikawa

体長 4.5 ～ 9.5mm の高地性のクモです。山地から亜高山帯の樹林地、草原、河原、林道などの樹木の間、草間に生息します。北方系種で涼しい環境を好むため、地球温暖化による温度上昇は生息への脅威です。

（動物編 p.527）

キヌキリグモ

ⓒ Tanikawa

体長 3.5 ～ 5.0mm の高地性のクモです。山地から亜高山帯にかけての、ササや林内の草間などに生息します。北方系種で涼しい環境を好むため、地球温暖化による温度上昇は生息への脅威です。

（動物編 p.524）

奥山に住む生物

【第４の危機（地球環境の変化）】
これらの生物は、地球環境の変化による自然災害や地球温暖化が原因で、数を減らす可能性があると考えられています。

※左上のカテゴリーは p.5 - 6 参照。

ナカミシシラン

イチョウシダ

ヤクシマホウビシダ

タチヒメワラビ

イワイヌワラビ

タカネシダ

ニョホウチドリ

ショウキラン

ウラジロギボウシ

エゾイトイ

オオトボシガラ

キタダケイチゴツナギ

タチイチゴツナギ

ウラジロキンバイ

チョウセンナニワズ

奥山に住む生物

【第４の危機（地球環境の変化）】
これらの生物は、地球環境の変化による自然災害や地球温暖化が原因で、数を減らす可能性があると考えられています。

キタダケナズナ

※左上のカテゴリーは p.5 - 6 参照。

オオビランジ

シコタンハコベ

コイワザクラ

サンプクリンドウ

コヒナリンドウ

オノエリンドウ

ヒメセンブリ

ノレンコウモリ

ホンドオコジョ

ミヤマシロチョウ

コヒオドシ

タカネヒメグモ

エゾコモリグモ

タカネエビスグモ

里地里山・田園に住む生物

チャボハナヤスリ

高さ 7cm 以下の小型の夏緑性シダです。日当たりのよい草地や墓地の地上に生育します。もともと希少な植物で産地は限られるため、温暖化に伴う生育環境の変化が脅威です。
（植物・菌類編 p.37）

スジヒトツバ

小〜中型の常緑性シダです。比較的乾いた山地谷間の斜面の地上、渓谷のやや湿度の高い崖地の岩上などに生育します。県内における分布はきわめて局所的で、温暖化に伴う生育環境の変化は脅威です。
（植物・菌類編 p.38）

ミズバショウ

葉は長さ 80cm に達する多年草です。湿原や疎林内の湿地に生育します。湿地の開発のほか、気候変動が減少の主要因と考えられます。
（植物・菌類編 p.288）

オオセッカ

全長約 13cm でスズメより小さい鳥です。河川敷や池沼のヨシやイネ科、イグサ科などの生育する湿った草地に生息します。開発や植生遷移のほか、自然災害などによる環境の変化も脅威です。
（動物編 p.92）

ミヤマシジミ

© Suwa

開張およそ30mmのシジミチョウです。大河川の堤防や河川敷のほか、富士山麓の荒原的な環境に生息します。植生遷移の進行、外来植物の繁茂、工事などのほか、近年の集中豪雨による河川の荒廃も脅威です。

（動物編 p.301）

サンロウドヨウグモ

© Tanikawa

体長9～14mmのクモです。洞くつ内か、それに似た薄暗い岩場の隙間などに生息します。生息環境の温度、湿度が変化する可能性のある地球温暖化は生息への脅威です。

（動物編 p.513）

ホウライジギセル

© T.Kato

殻高15mmほどの中型のキセルガイです。主に渓流に沿った広葉樹林に生息します。生息地は局限され孤立化しているうえ、谷沿いに生息するため、山地災害やその対策工事も生息への脅威です。

（動物編 p.449）

カタマメマイマイ

© T.Kato

殻高5mmほどの小型の陸貝です。河川敷などの主に草地環境に生息します。開発による生息地の破壊、環境悪化のほか増水による個体の流下や生息環境の消失という脅威があります。

（動物編 p.453）

【第４の危機（地球環境の変化）】
これらの生物は、地球環境の変化による自然災害や地球温暖化が原因で、数を減らす可能性があると考えられています。

※左上のカテゴリーは p.5 - 6 参照。

セイタカイワヒメワラビ

ニシノコハチジョウシダ

ニセコクモウクジャク

シムライノデ

ミヤマムギラン

ウチョウラン

ムラサキセンブリ

イワツクバネウツギ

ヒメサクラシメジ

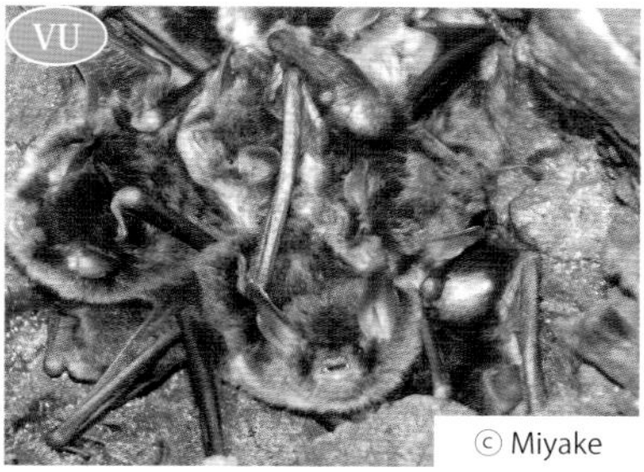

ノレンコウモリ

アカコッコ

フジアキタクロナガオサムシ

カザアナマシラグモ

フジホラヒメグモ

エンシュウナミハグモ

河川・湖沼・湿地に住む生物

オオミクリ

高さ100～150cmの抽水性の多年草です。湧水が流入し、泥土が堆積した小川や池沼に生育します。県内では1ヶ所に局限するため、開発のほか大雨や洪水により生育を阻害されると危機的になるという脅威があります。（植物・菌類編 p.179）

ヤマトミクリ

高さ50～100cmの抽水性の多年草です。低地の湧水が流入し、泥土が堆積した小川に生育します。県内では1ヶ所に局限するだけのため、温暖化による生育環境の変化が脅威です。

（植物・菌類編 p.179）

イカルチドリ

全長約21cmのチドリです。主に砂礫の河川敷や中州のある環境に生息し、繁殖します。植生遷移が進み砂礫裸地が縮小したうえ、近年はゲリラ的な豪雨による卵やヒナの流失という繁殖の阻害が脅威です。

（動物編 p.130）

ニホンカワトンボ

体長は47～68mmのトンボです。樹林に囲まれた抽水植物の多い比較的開けた清流に生息します。泥水や家庭排水などの流入のほか、自然災害による大規模なかく乱、抽水植物の消失なども減少要因です。

（動物編 p.263）

【第４の危機（地球環境の変化）】

これらの生物は、地球環境の変化による自然災害や地球温暖化が原因で、数を減らす可能性があると考えられています。

※左上のカテゴリーは p.5 - 6 参照。

© Miyazaki

ミクリ

© Kitagawa

コアジサシ

© Tominaga

アカハライモリ南伊豆集団

© K.Suzuki

アカメ

© Kasuya

ホンサナエ

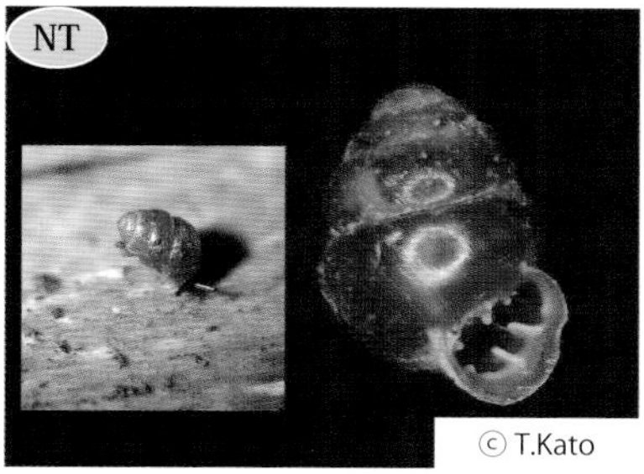

© T.Kato

ナタネキバサナギガイ

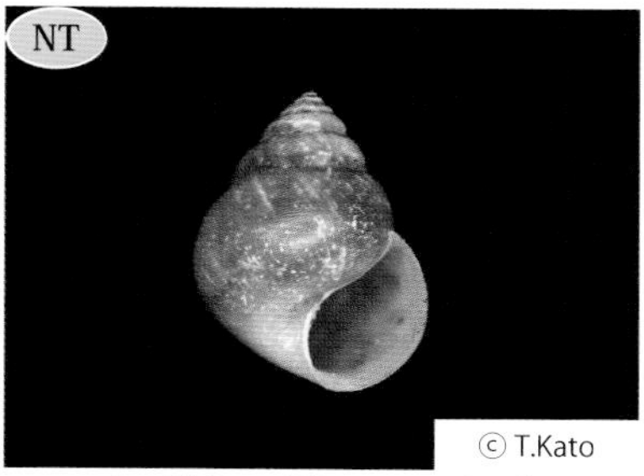

© T.Kato

ヨシダカワザンショウガイ

海岸に住む生物

ソナレセンブリ

高さ 1 ～ 3cm の一年草です。海岸の風に当たる斜面に生育します。釣り人などの踏みつけや園芸採取などのほか、温暖化に伴う日照りの強まりも脅威です。
（植物・菌類編 p.63）

シロチドリ

全長約 17cm のチドリです。海岸砂浜、干潟、大河川の河川敷や中州、埋立地などに生息します。天敵による卵の捕食のほか、植生遷移による裸地の消失、自然災害による巣の流失などが脅威です。
（動物編 p.98）

ウミコオロギ（大崩海岸の個体群）

体長 8.0 ～ 13.5mm の翅のないコオロギです。玉石浜や礫浜で岩崖《がんがい》地とセットになった海岸に生息します。海岸整備によってコンクリート化したところではいなくなり、残った海浜は波にさらわれるため生息地の縮小が脅威です。（動物編 p.371）

ノミガイ

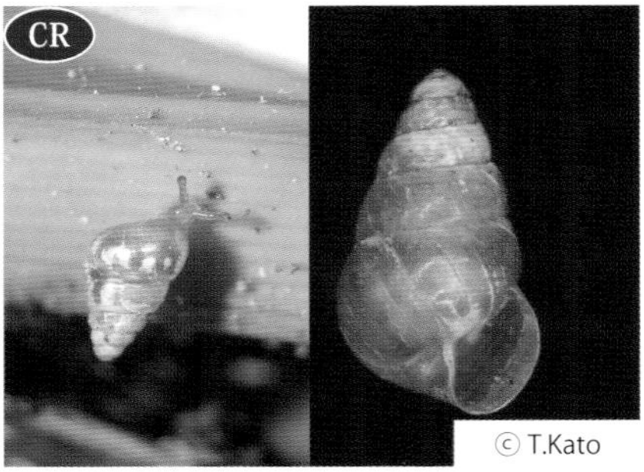

殻高 4mm ほどの海岸近くに生息する微小な陸貝です。海岸近くのウバメガシ疎林の林床で落葉下やスゲ類の草などに登って生息しています。生息地がきわめて狭いことから、温暖化による些細《ささい》な環境の変化でも生息への脅威となります。（動物編 p.440）

【第４の危機（地球環境の変化）】

これらの生物は、地球環境の変化による自然災害や地球温暖化が原因で、数を減らす可能性があると考えられています。

イズアサツキ

※左上のカテゴリーは p.5 - 6 参照。

カンムリウミスズメ

アカウミガメ

コラム　地球環境の変化による危機（温暖化）

生物は過去にあった氷期や間氷期などの気候の変動に合わせて、南へ北へ、高いところ低いところ、と移動して現在のような地理的分布を成立させてきました。ところが地球温暖化が過去にないほど急速に進んでいる現在は、生物の移動が気候変動について行けないことも考えられます。

キタダケナズナ

アシグロニオイイグチ

フジマシラグモ

5．静岡県の特異な生物

（ア）静岡県に固有な動植物

静岡県に生育する植物は約4,000種類が確認されています。生物地理学上、静岡県固有の植物はたいへん多く確認されていて、そのうちレッドデータブックには11種類（亜種、変種を含む）が挙げられています。日本国内で静岡県だけに分布することから、国レベルでも大変貴重と言えます。

（雨生《うぶ》湿地）固有の植物が多い静岡県西部

（天城山）固有種の多い地域

静岡県で確認されている動物の種数は9,800種類を超えます。静岡県固有の動物は多く、そのうちレッドデータブックには魚類1種、昆虫類5種1亜種、貝類1亜種が挙げられています。

コラム

県内固有種、固有亜種

レッドデータブックに取り上げられた県固有種、固有亜種のうち、淡水魚類のナガレミミズハゼは県中部の河川の伏流水や地下水の中に生息しています。

昆虫類のカケガワフキバッタは、県中部の大井川と天竜川に挟まれた里地・里山に生息しています。大きな川と広大な山岳地により隔離された狭い地域で独自に進化してきた種です。開発による生息地の分断、孤立化が種の存続への大きな脅威となっています。

また、フジアキタクロナガオサムシは、主に日本海側に広く分布するアキタクロナガオサムシの固有亜種です。どのようにして富士山南西麓に孤立し亜種へと進化してきたのかは謎です。

静岡県固有種・亜種の中でレッドデータブックに取り上げられた種が絶滅するようなことになると、それらが日本から、地球上から姿を消すことになってしまいます。これらの希少な固有種・亜種の生息・生育状況には特に注目していかなければならないでしょう。

カケガワフキバッタ

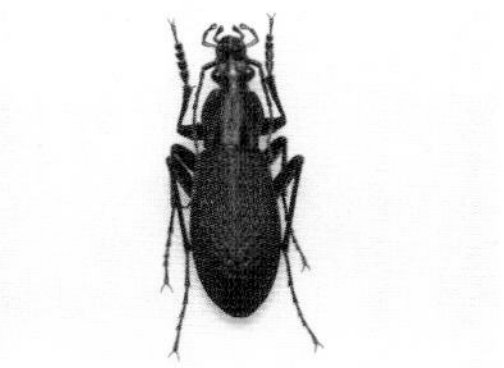

フジアキタ
クロナガオサムシ

アシタカツツジ

亜種：ある一つの繁殖集団（種）が、地理的に分断され、あるいは生態的な違いを生じてそれぞれ独自に進化し、形態や性質などで区別できるようになったそれぞれの集団を、元の種の亜種といいます。

固有な生物

アマギテンナンショウ

県固有種。高さ 15 ～ 30cm の多年草です。暖帯の林地に生育します。園芸採取とニホンジカによる食害が生育への脅威です。

（植物・菌類編 p.43）

アマギカンアオイ

県固有種。葉の長さ 5 ～ 9cm、幅 4 ～ 7cm の常緑多年草です。海岸に近い常緑樹林から山地の落葉広葉樹林、スギ、ヒノキの植林地に生育します。林地開発、園芸採取、ニホンジカによる食害が減少の主要因です。

（植物・菌類編 p.155）

アシタカツツジ

県固有種。高さ 2 ～ 3m、ときに 10m に達する半常緑（部分的に落葉する）低木または高木です。温帯の疎林内や林縁あるいは岩地に生育します。森林開発や園芸採取が減少の主要因です。

（植物・菌類編 p.262）

シブカワシロギク

県固有変種。高さ 30 ～ 60cm の多年草です。分布は局限し、蛇紋岩地帯の砂礫地や草地に生育します。開発と植生遷移が脅威です。

（植物・菌類編 p.234）

ナガレミミズハゼ

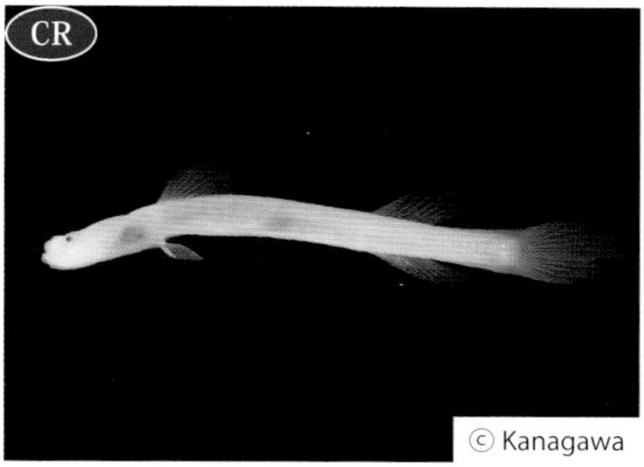

県固有種。体長 3 ～ 4cm のハゼ科魚類です。河川中流域の伏流水や地下水に生息します。細粒土砂や転圧による河床の隙間の目詰まり、水質汚染、地下水の枯渇などが減少の主要因です。

（動物編 p.184）

アマギササキリモドキ

県固有種。体長 9.0 ～ 10.5mm の小型のキリギリスの仲間です。下層植生の豊富なスギ壮齢林および落葉広葉樹林に生息します。大規模な森林伐採は本種の生息への脅威となります。

（動物編 p.343）

フジアキタクロナガオサムシ

県固有亜種。体長 24 ～ 33mm のオサムシ科甲虫の仲間です。スギ人工林および落葉広葉樹林の林床に生息します。分布が局限している中で、開発や採集圧が生息への脅威となります。

（動物編 p.386）

メルレンドルフマイマイ

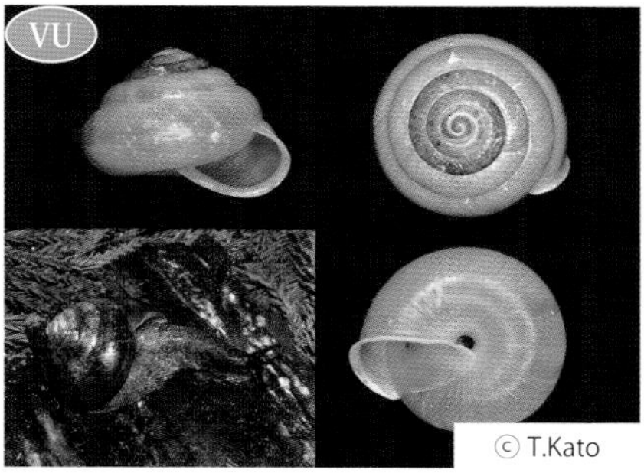

県固有亜種。殻径 27mm 程度の中型の陸貝です。主に山地の森林に生息しますが、ときに海岸近くの林にも生息します。各種の開発による自然環境の悪化が生息への脅威となります。

（動物編 p.465）

固有な生物

【静岡県に固有な生物】

これらは、静岡県に固有な生物のうち、レッドリストに挙げられたものです。生息・生育に何らかの脅威があるため減少していると考えられています。

※左上のカテゴリーは p.5 - 6 参照。

イズドコロ

フジタイゲキ

アマギツツジ

アマギシャクナゲ

アベトウヒレン

アマギクチキウマ

シュゼンジフユシャク

コラム

伊豆にまつわる生物

伊豆半島は、大陸を起源とする日本列島の他の地域と異なり、2,000万年前には本州の南800kmというはるか南方にありました。そこから年に4cmほどのスピードで北上を続け、およそ100万年前に本州にたどり着き、その後活発な火山活動を経て現在の半島として成立したのです。

このような特殊な生い立ちの伊豆半島に生息・生育する生物は、半島成立後に本州から移動してきたものが基になっていますが、その中には独自に進化を遂げて伊豆半島の固有種・亜種となった動植物もみられ、「イズ」「アマギ」などの名前がつけられています。

陸産貝類でも、伊豆半島や伊豆諸島に分布するシモダマイマイや、伊豆に関する名前はついていないものの、メルレンドルフマイマイが伊豆半島固有亜種として知られています。

アマギクチキウマ

アマギツツジ

また、伊豆半島に異なる2系統の個体群がある両生類のアカハライモリや、伊豆諸島・伊豆半島とそれ以外（本州側）で非常によく似た2種類のトカゲ類が確認されています。これらは遺伝的に分化が進んでいて、伊豆半島の生い立ちと深い関連があると考えられています。

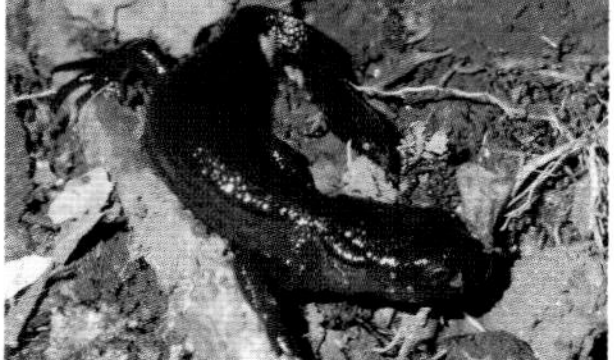

アカハライモリ南伊豆集団

（イ）特殊な場所の生物

【石灰岩地】

県内では主に西部に分布する石灰岩地帯には、特殊な生物が分布することが多く、特に陸産貝類で顕著《けんちょ》にみられます。植物では、ウラジロギボウシ、コバノチョウセンエノキなどが生育しています。

昆虫類ではリュウガシメクラチビゴミムシという固有種が県西部の石灰岩地の洞くつや地下浅層に生息しています。

このような特殊な環境に生息する種は、周囲から隔離された狭い範囲に生息が限定されていて、わずかな環境の変化でも生息への大きな脅威となります。

ミカワマイマイ

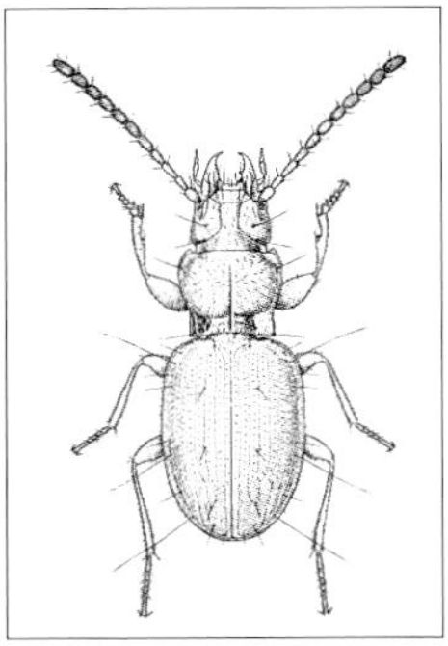

リュウガシメクラチビゴミムシ

【洞くつ】

静岡県にみられる洞くつは、富士山周辺の溶岩洞くつと西部の石灰岩地帯の鍾乳洞《しょうにゅうどう》が主要なものですが、そのほかに伊豆地域に多い石切跡や、金や鉄鉱石などの採掘跡、トンネルの廃坑などの人工洞があります。これらは多くのコウモリのすみかとして重要ですが、洞くつとその付近にしか生息していないフジホラヒメグモなどもみられます。

洞くつとフジホラヒメグモ

コバノチョウセンエノキ（石灰岩地）

© Naito

葉は長さ3～7cmの落葉小高木です。石灰岩の岩上に生育します。石灰岩の採掘や伐採が減少の要因と考えられます。
（植物・菌類編 p.110）

イワツクバネウツギ（石灰岩・蛇紋岩地）

© Miyazaki

高さ2m以下の落葉低木です。石灰岩地、稀に蛇紋岩地に生育します。産地は限られているため、成長の早い植物との競合が減少の主要因と考えられます。
（植物・菌類編 p.135）

ベニゴマオカタニシ（石灰岩地）

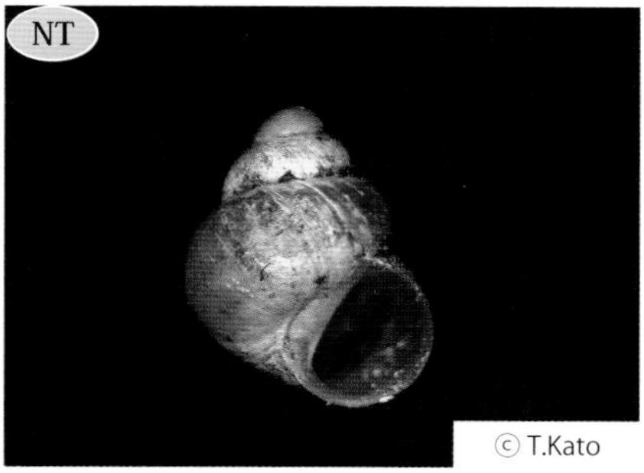

© T.Kato

殻高2.5mmほどの微小な陸貝です。石灰岩の岩壁や積み重なった岩塊に生息します。石灰岩の採掘による生息地の消滅が減少の主要因です。
（動物編 p.467）

クチマガリスナガイ（石灰岩地）

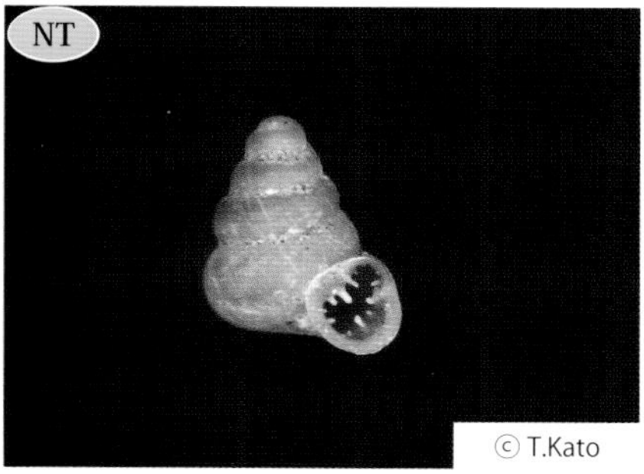

© T.Kato

殻高2.5mmほどの微小な陸貝です。広葉樹が生育する石灰岩の岩の下や割れ目に生息します。石灰岩の採掘による生息地の消滅が減少の主要因です。
（動物編 p.483）

特殊な場所

【特殊な場所の種】

これらの生物は、特殊な環境に分布する種のうち、レッドリストに挙げられたものです。生息・生育に何らかの脅威があるため減少していると考えられています。

※左上のカテゴリーは p.5 - 6 参照。

イナデンダ

ウラジロギボウシ

ヤナギノギク

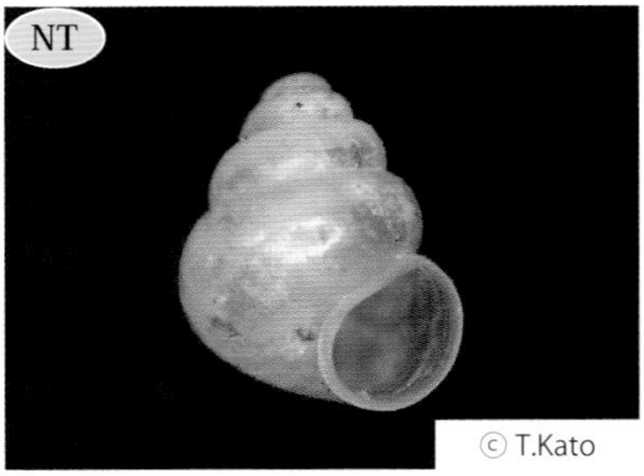

ホラアナゴマオカチグサ

オモイガケナマイマイ

コラム　生物多様性を脅かす複合的な影響

本書であげた４つの危機は、私たちが理解しやすい顕著な内容で示したものです。実際には、これら危機の一つ一つが単体か、または幾つかの要因が複合的に関わりあいながら影響を及ぼしています。これから私たちは、生物への影響に配慮しながら、希少な生物と共存するにはどうしたらよいのかを考えていく必要があります。

コラム

生物の記録の大切さ

静岡県には、幕末にペリー艦隊やアダムスらの採集した標本を基に記載された種があり、明治時代には御殿場の青年が採集したカタツムリが、アメリカ合衆国の生物学者ピルスブリーによって記載されました。

生物はその存在を「標本」として、いつ、どこで、どのように生息・生育していたかなどの記録で残すことにより、後世に伝えることができます。

希少な生物はもちろん、ごく普通にみられる種についても、ある時何かの影響により急激な減少を招いたとしたら、かつてどのような分布をしていたのか、いつ頃から減少したのかを客観的に捉えることができません。

そんな時に標本が保存されていればその状況を知ることができるほか、分類の進展による種の見直しや記録の再検証も可能です。本県に生息・生育する生物の標本は、できるだけ一つの場所に集めておくことが必要です。博物館はその役割を担います。本県には「ふじのくに地球環境史ミュージアム」が 2016 年３月に開設されました。

博物館では、生物標本を収集・保管し、標本情報のデータベース化を目指しています。生物の保護や環境保全の役割を担うことになるのですが、作業は膨大です。県民のボランティア活動などの支えは大変力強いものとなります。

ふじのくに地球環境史ミュージアム
（展示標本の一部）

〔監修者〕

〔静岡県レッドデータブック改訂監修委員〕

石井　　実
岩槻　邦男
三浦　慎悟
山岸　　哲

〔静岡県自然環境保護調査委員会委員〕

池ヶ谷のり子
板井　隆彦
北川　捷康
國領　康宏
小林　俊樹
諏訪　哲夫
松本　雅道
三宅　　隆
山田　辰美
湯浅　保雄

〔写真提供者〕

Ando	：安藤　晴康
Aoshima	：青島　一樹
Arai	：新井　　真
Arakawa	：荒川　史子
Banno	：伴野　正志
Eda	：枝　恵太郎
Eto	：江頭幸士郎
Fukui	：福井　順治
Futahashi	：二橋　　亮
Goto	：後藤　裕康
Hanai	：花井　孝之
Hasegawa	：長谷川道明
Hosokura	：細倉　哲穂
Iimori	：飯森　政宏
Ikegaya	：池ヶ谷のり子
Ikeya	：池谷　　正
Inaba	：稲葉　　茂
Ishikawa	：石川　　均
Itakura	：板倉　　博
Kanagawa	：金川　直幸
Kanishi	：香西　博子
Kasuya	：加須屋　真
H.Kato	：加藤　英明
K.Kato	：加藤　健一
T.Kato	：加藤　　徹
Kawai	：川合　正晃
Kawamura	：河村　正幸
Kawashima	：川嶋　尚正
Kishida	：岸田　泰則
Kishizawa	：岸澤　広晶
Kitagawa	：北川　捷康
Kitahara	：北原　佳郎
Kitano	：北野　　忠
Kobayashi	：小林　久俊
Koizumi	：小泉　金次
Kokuryo	：國領　康弘
Komatsu	：小松庄次郎
Konagaya	：小長谷尚弘
Kosugi	：小杉　正則

Koyama　：古山　　暁
Maenami　：前波　鉄也
Mahashi　：真橋祐次郎
Minegishi　：峰岸　郁生
Miyake　：三宅　　隆
Miyazaki　：宮崎　一夫
Mizuta　：水田　啓之
Mochizuki　：望月　英夫
Moriguchi　：森口　宏明
Murofushi　：室伏　幸一
Naito　：内藤宇佐彦
Nakamura　：中村　裕志
Nishiguchi　：西口　紀雄
J.Ogishi　：小岸　順子
N.Ogishi　：小岸　宣夫
Ogura　：小倉　辰彦
Osawa　：大沢　夕志
Osugi　：大杉　正也
Otomo　：大友　二郎
Otsuka　：大塚　健佑
Saito　：齊藤　　猛
T.Sakai　：酒井　孝明
Y.Sakai　：酒井　洋平
Sasaki　：佐々木彰央
M.Sato　：佐藤　元一
T.Sato　：佐藤　拓也
Sekikawa　：関川　文俊
Shibukawa　：渋川　浩一
Shirai　：白井　和伸
Sugino　：杉野　孝雄
Sugiura　：杉浦　正義
Suwa　：諏訪　哲夫
H.Suzuki　：鈴木　英文
K.Suzuki　：鈴木　邦弘
Tahira　：多比良嘉晃
Takahashi　：高橋　真弓
A.Tanikawa：谷川　明男
H.Tanikawa：谷川　久男
Tominaga　：富永　　篤
Urayama　：浦山　幸夫
Ushiki　：宇式　和輝
Watanabe　：渡邉　修治
Yamada　：山田　辰美
Yamamoto　：山本　明男
Yamazaki　：山﨑　由晴
Yuasa　：湯浅　保雄

G.Chorui　：鳥類部会
Wild Bird Society of Japan
：公益財団法人日本野鳥の会
Tokyo University of Agriculture
：東京農業大学

索　引

植物（497）

アオキガハラウサギシダ (VU) ……118
アオキラン (N–Ⅲ) ……120
アオチャセンシダ (N–Ⅰ) ……118
アオフタバラン (N–Ⅲ) ……136
アオホオズキ (NT) ……142
アカイシリンドウ (EN) ……127
アギナシ (VU) …… 70
アキノハハコグサ (VU) ……162
アケボノシュスラン (N–Ⅲ) …… 50
アサザ (VU) ……108
アシタカツツジ (NT) ……200
アスヒカズラ (N–Ⅲ) ……118
アズマイチゲ (N–Ⅲ) …… 96
アズマガヤ (VU) …… 52
アズマツメクサ (N–Ⅲ) ……164
アゼオトギリ (EN) ……162
アツギノヌカイタチシダマガイ (VU) 48
アツモリソウ (CR) …… 95
アベトウヒレン (EN) ……202
アマギカンアオイ (VU) 49・200
アマギシャクナゲ (NT) ……202
アマギツツジ (NT) ……202
アマギテンナンショウ (CR) ……200
アリドオシラン (N–Ⅲ) ……120
アワボスゲ (EN) ……137
イシモチソウ (VU) …… 54
イズアサツキ (EN) ……197
イズコゴメグサ (VU) ……143
イズドコロ (VU) ……202
イズハハコ (NT) ……143
イズヤブソテツ (VU) ……134
イソホウキギ (N–Ⅰ) …… 88
イチョウシダ (EN) ……186
イチヨウラン (VU) ……103
イトクズモ (VU) …… 70
イトテンツキ (VU) ……136
イトトリゲモ (VU) ……171
イトモ (VU) ……171
イナデンダ (VU) ……206
イナモリソウ (N–Ⅲ) ……107
イヌセンブリ (NT) ……141
イヌタヌキモ (VU) ……173
イヌノフグリ (NT) ……162
イヌハギ (EN) …… 52
イヨクジャク (VU) ……134
イヨフウロ (N–Ⅲ) ……126
イワイヌワラビ (N–Ⅲ) ……186
イワウサギシダ (VU) ……119
イワウチワ (N–Ⅰ) …… 98
イワウメヅル (N–Ⅲ) ……140
イワシャジン (N–Ⅲ) ……107
イワチドリ (CR) ……103
イワツクバネウツギ (EN) ……193・205
イワヤシダ (VU) ……134
ウエマツソウ (EN) …… 49
ウスギムヨウラン (NT) …… 50
ウスゲチョウジタデ (NT) ……164
ウスバサイシン (N–Ⅲ) …… 94
ウチョウラン (VU) ……105・192
ウメウツギ (EN) ……126
ウラギク (VU) …… 86
ウラジロギボウシ (DD) ……187・206
ウラジロキンバイ (VU) ……187
ウンゼンツツジ (N–Ⅱ) ……106
ウンヌケ (VU) ……138
ウンヌケモドキ (VU) ……138
エゾイトイ (CR) ……187
エゾウキヤガラ (N–Ⅲ) …… 70
エゾツリスゲ (VU) ……122
エゾハタザオ (VU) …… 38
エビネ (NT) ……103
エンシュウツリフネソウ (VU) …… 38
オオアカウキクサ (VU) ……170
オオアブノメ (VU) ……165
オオウバユリ (N–Ⅲ) ……119
オオカラマツ (N–Ⅲ) …… 37
オオキツネノカミソリ (N–Ⅲ) …… 50
オオサクラソウ (VU) ……116
オオサワトリカブト (EN) …… 96
オオタマツリスゲ (VU) …… 50

オオツルコウジ (EN) ……141
オオトボシガラ (N–Ⅲ) ……187
オオハクウンラン (EN) …… 50
オオバナオオヤマサギソウ (VU)……121
オオヒキヨモギ (NT) ……143
オオビランジ (VU) ……188
オオミクリ (VU) ……194
オオヤマツツジ (VU) ……141
オキナワハイネズ (N–Ⅱ) …… 88
オクヤマワラビ (N–Ⅰ) ……118
オトコシダ (EN) …… 47
オトメアオイ (NT) ……102
オドリコカグマ (N–Ⅱ) …… 46
オドリコテンナンショウ (CR) …… 36
オナモミ (N–Ⅲ) ……162
オニイノデ (EN) …… 48
オニゼンマイ (CR) ……118
オニナルコスゲ (VU) ……137
オニバス (VU) …… 68
オノエスゲ (VU) ……122
オノエラン (VU) …… 36
オノエリンドウ (EN) ……188
カイジンドウ (EN) ……127
カイナンサラサドウダン (VU) ……106
カガシラ (VU) ……137
ガガブタ (VU) ……173
カギガタアオイ (VU) ……135
カキツバタ (VU) ……136
カゲロウラン (VU) ……105
カシノキラン (EN) ……104
カタクリ (N–Ⅲ) ……102
カタスゲ (VU) …… 51
カノコソウ (N–Ⅲ) ……129
カミガモシダ (EN) …… 44
カモメラン (EN) …… 92
カラハナソウ (N–Ⅲ) …… 37
カリガネソウ (NT) …… 55
カワツルモ (VU) …… 70
カワラサイコ (N–Ⅲ) ……139
カワラニガナ (NT) …… 71
カワラノギク (CR) …… 56
カンコノキ (EN) …… 53
キエビネ (CR) ……103
キシュウナキリ (VU) …… 51
キセワタ (EN) …… 55
キソエビネ (CR) …… 94
キタザワブシ (N–Ⅲ) ……124
キタダケイチゴツナギ (CR) ……187
キタダケオドリコソウ (VU) …… 34
キタダケカニツリ (EN) ……124
キタダケデンダ (CR) ……184
キタダケナズナ (CR) ……188
キタダケヨモギ (VU) ……128
キバナカワラマツバ (N–Ⅰ) ……127
キバナノアツモリソウ (CR) ……116
キバナノショウキラン (VU) ……136
キバナハナネコノメ (NT) …… 52
キビナワシロイチゴ (N–Ⅰ) ……125
キョウマルシャクナゲ (VU) ……127
キヨスミウツボ (N–Ⅲ) ……143
キンセイラン (CR) ……119
キンチャクスゲ (N–Ⅰ) ……122
キンロバイ (VU) ……125
クサタチバナ (EN) ……141
クサナギオゴケ (NT) ……141
クサノオウバノギク (VU) ……144
クサフジ (VU) ……125
クマガイソウ (VU) ……100
クモマスズメノヒエ (NT) ……121
クラガリシダ (EN) …… 36
クリンソウ (EN) ……106
クロイヌノヒゲ (NT) ……136
クロクモキリソウ (EN) ……120
クロツバラ (VU) …… 53
クロホシクサ (EN) ……168
クロミノニシゴリ (NT) …… 54
クロヤツシロラン (NT) …… 49
ケホシダ (N–Ⅱ) ……134
ゲンジスミレ (N–Ⅰ) ……126
コアツモリソウ (VU) …… 95
コアマモ (NT) ……181
コイヌガラシ (N–Ⅲ) ……164
コイワザクラ (VU) ……188
コウヤザサ (N–Ⅲ) …… 51

コウヤミズキ (VU) ……138
コウライイヌワラビ (EN) ……134
コウリンカ (EN) ……129
コガネシダ (EN) …… 47
コギシギシ (EN) ……164
コシノコバイモ (EN) ……103
コタニワタリ (N－Ⅲ) …… 36
コツブヌマハリイ (VU) ……138
コハクラン (N－Ⅲ) ……121
コバノチョウセンエノキ (EN) ……205
コヒナリンドウ (EN) ……188
コマイワヤナギ (VU) …… 37
ゴマシオホシクサ (EN) ……172
コマツカサススキ (N－Ⅲ) ……138
ゴマノハグサ (N－I) ……142
サイコクヌカボ (VU) ……164
サイゴクホングウシダ (CR) …… 46
サカネラン (EN) ……120
サガミトリゲモ (VU) ……171
サクラガンピ (NT) ……140
サクラスミレ (VU) ……106
サクラソウ (EN) ……106
サクラバハンノキ (NT) …… 53
サナギスゲ (VU) …… 96
サルメンエビネ (CR) …… 94
サワギキョウ (NT) ……110
サワトラノオ (EN) ……154
サワヒメスゲ (VU) ……137
サワラン (CR) ……104
サンショウバラ (NT) …… 37
サンショウモ (VU) ……170
サンプクリンドウ (EN) ……188
シコクヒロハテンナンショウ (EN)… 36
シコタンハコベ (VU) ……188
ジゾウカンバ (VU) …… 37
シデシャジン (N－Ⅲ) ……128
シナノコザクラ (VU) …… 92
シバナ (CR) ……180
シブカワシロギク (VU) ……200
シブカワニンジン (N－Ⅱ) ……143
シマジタムラソウ (VU) ……142
シムライノデ (CR) ……192
シュスラン (N－Ⅲ) ……104
ジュンサイ (NT) ……170
ショウキラン (EN) ……187
シラオイハコベ (N－I) …… 38
シラタマホシクサ (VU) ……108
シラヒゲソウ (VU) ……106
シラン (NT) ……135
シロウマチドリ (EN) ……120
シロウマナズナ (EN) …… 97
シロモジ (VU) …… 49
シロヤマゼンマイ (VU) …… 46
ジングウスゲ (VU) …… 51
スジヒトツバ (CR) ……190
スズサイコ (NT) ……141
スズムシソウ (VU) …… 95
スズメハコベ (VU) ……165
ステゴビル (EN) ……136
スナビキソウ (VU) ……112
スブタ (VU) ……170
スルガジョウロウホトトギス (CR)… 94
スルガスゲ (VU) …… 36
スルガヒョウタンボク (VU) ……129
セイタカイワヒメワラビ (EN) ……192
セイタカスズムシソウ (EN) …… 95
セッコク (NT) ……104
セツブンソウ (VU) ……105
センダイスゲ (NT) …… 88
ソナレセンブリ (CR) ……196
ソナレマツムシソウ (VU) ……181
タカサゴシダ (N－Ⅱ) …… 48
タカサゴソウ (VU) ……144
タカネアオチドリ (EN) ……119
タカネコウリンカ (NT) ……129
タカネサギソウ (N－Ⅱ) ……121
タカネシダ (EN) ……186
タカネタチイチゴツナギ (EN) ……123
タカネナルコ (EN) …… 96
タカネママコナ (N－Ⅲ) ……128
タカネマンテマ (CR) ……184
タカネヤガミスゲ (VU) ……122
タカノハウラボシ (VU) …… 49
タキミシダ (VU) ……102

タコノアシ (NT) …… 71
タシロラン (NT) …… 49
タチイチゴツナギ (EN) ……187
タチキランソウ (NT) ……142
タチバナ (EN) ……140
タチヒメワラビ (EN) ……186
タテヤマギク (NT) ……128
タニヘゴ (VU) ……135
タヌキモ (VU) …… 71
タマカラマツ (VU) …… 37
チシマネコノメソウ (N–Ⅲ) …… 37
チシマヒョウタンボク (VU) …… 98
チャシバスゲ (N–I) ……121
チャボハナヤスリ (CR) ……190
チャボホトトギス (VU) ……100
チョウジソウ (VU) ……141
チョウセンゴミシ (N–I) ……119
チョウセンナニワズ (VU) ……187
ツクシイワヘゴ (N–Ⅲ) …… 48
ツクシヤブソテツ (VU) ……135
ツゲ (N–Ⅲ) ……138
ツツイトモ (VU) ……172
ツメレンゲ (NT) ……106
テバコワラビ (VU) …… 94
テンリュウヌリトラノオ (NT) …… 47
トウヤクリンドウ (N–Ⅱ) …… 98
トキワマンサク (EN) ……132
ドクゼリ (N–I) …… 56
トダイアカバナ (VU) ……126
トダイハハコ (VU) ……128
トダスゲ (EN) …… 70
トチカガミ (VU) ……171
トネリコ (N–I) …… 38
トラキチラン (EN) ……119
トラノオスズカケ (VU) …… 55
トリゲモ (VU) ……171
ナガエミクリ (NT) ……172
ナガバジュズネノキ (VU) …… 54
ナガバノイシモチソウ (EN) ……108
ナガバノヤノネグサ (N–I) …… 54
ナガボナツハゼ (EN) ……141
ナカミシシラン (VU) ……186
ナガミノツルケマン (EN) ……124
ナベナ (N–Ⅲ) ……129
ナミキソウ (N–I) …… 88
ナヨテンマ (EN) ……104
ニシノコハチジョウシダ (EN) ……192
ニシノホンモンジスゲ (N–Ⅱ) ……137
ニセコクモウクジャク (VU) …134・192
ニッコウヒョウタンボク (VU) ……129
ニョホウチドリ (VU) ……186
ヌイオスゲ (VU) ……123
ヌカイタチシダマガイ (VU) …… 48
ヌカイタチシダモドキ (N–Ⅲ) …… 48
ヌマゼリ (EN) …… 71
ノウルシ (VU) ……140
ノタヌキモ (VU) ……172
ノニガナ (N–Ⅲ) ……165
ノビネチドリ (N–Ⅲ) …… 95
バアソブ (VU) ……143
ハイコモチシダ (N–Ⅱ) …… 47
ハクサンイチゴツナギ (N–Ⅲ) ……123
ハクセンナズナ (N–Ⅱ) …… 97
ハコネグミ (VU) ……139
ハコネコメツツジ (NT) …… 98
ハコネシロカネソウ (VU) …… 52
ハコネラン (EN) …… 95
ハゴロモグサ (EN) ……125
ハシドイ (VU) ……127
ハシナガカンスゲ (EN) …… 51
ハシバミ (N–I) ……125
ハタベカンガレイ (VU) ……172
ハチジョウシダ (EN) …… 46
ハチジョウシダモドキ (VU) …… 46
ハチジョウナ (VU) ……180
ハナハタザオ (CR) ……140
ハネガヤ (VU) ……124
ハマウツボ (VU) ……112
ハマナツメ (EX) …… 86
ハマネナシカズラ (VU) ……181
ハマハナヤスリ (N–Ⅲ) …… 46
ハマビシ (EN) ……159
ハママツナ (N–I) …… 86
ハリガネスゲ (VU) ……137

ハルザキヤツシロラン (VU) …… 49
ハルノタムラソウ (N–Ⅰ) …… 55
ヒカゲシラスゲ (N–Ⅲ) ……122
ヒキノカサ (EN) …… 71
ヒキヨモギ (N–Ⅲ) ……143
ヒゲネワチガイソウ (N–Ⅲ) ……126
ヒゲノガリヤス (N–Ⅰ) ……123
ヒゲハリスゲ (VU) ……123
ヒゴスミレ (N–Ⅲ) …… 97
ヒツジグサ (EN) ……170
ヒトツバショウマ (VU) ……105
ヒトツボクロ (N–Ⅲ) …… 50
ヒナガリヤス (N–Ⅱ) …… 96
ヒナザサ (VU) …… 52
ヒナチドリ (EN) …… 96
ヒナノカンザシ (VU) …… 53
ヒナノキンチャク (EN) ……125
ヒナノシャクジョウ (N–Ⅲ) …… 49
ヒナラン (EN) …… 94
ヒノキシダ (VU) …… 47
ヒメイズイ (N–Ⅰ) ……121
ヒメウラジロ (DD) ……102
ヒメカラマツ (N–Ⅱ) ……124
ヒメコウホネ (DD) …… 70
ヒメコヌカグサ (NT) …… 51
ヒメシャガ (EN) ……105
ヒメシロアサザ (EN) ……154
ヒメスミレサイシン (N–Ⅰ) …… 38
ヒメセンブリ (EN) ……127・189
ヒメナエ (VU) …… 54
ヒメナミキ (VU) …… 55
ヒメニラ (N–Ⅲ) ……121
ヒメノヤガラ (EN) ……135
ヒメハッカ (VU) ……165
ヒメハナワラビ (VU) ……118
ヒメビシ (EN) ……172
ヒメフタバラン (N–Ⅲ) …… 50
ヒメミクリ (VU) …… 70
ヒメミミカキグサ (EN) …… 55
ヒメムヨウラン (VU) …… 95
ヒモラン (CR) ……102
ヒヨクソウ (N–Ⅰ) ……142
ビロードイチゴ (N–Ⅱ) …… 53
ヒロハアツイタ (EN) …… 92
ヒロハコンロンカ (N–Ⅱ) …… 54
ヒロハツリシュスラン (EN) …… 95
ヒロハノエビモ (N–Ⅰ) ……171
ヒロハノカワラサイコ (N–Ⅰ) ……139
ヒロハヘビノボラズ (EN) ……124
ヒロハヤブソテツ (VU) ……135
フウラン (VU) ……104
フガクスズムシソウ (EN) …… 92
フキヤミツバ (EN) ……144
フクジュソウ (VU) ……105
フジタイゲキ (EN) ……202
フジバカマ (VU) ……144
フッキソウ (VU) …… 52
ベニシュスラン (N–Ⅲ) ……104
ベニバナヤマシャクヤク (CR) ……100
ホウロクイチゴ (N–Ⅲ) …… 53
ホオノカワシダ (VU) …… 48
ホザキイチヨウラン (N–Ⅲ) ……120
ホソバショリマ (VU) …… 47
ホソバニガナ (VU) ……144
ホソバノキソチドリ (N–Ⅲ) ……121
ホソバノツルリンドウ (VU) …… 38
ホソバハナウド (VU) ……129
ホソバハマアカザ (N–Ⅲ) ……159
ホソバヒカゲスゲ (VU) ……137
ホテイアツモリソウ (CR) ……119
ホテイラン (CR) ……119
ホンゴウソウ (EN) ……102
マシカクイ (N–Ⅱ) ……138
マツカサススキ (N–Ⅲ) …… 51
マツノハマンネングサ (VU) …… 97
マツバニンジン (EN) ……140
マツバラン (VU) ……102
マツラン (VU) ……120
マメヅタラン (NT) ……103
マヤラン (EN) ……103
マルミスブタ (VU) ……170
マンシュウクロカワスゲ (N–Ⅲ)……122
ミカワシオガマ (EX) ……143
ミカワシンジュガヤ (EN) ……156

ミカワタヌキモ	(EN)	……173
ミカワチャルメルソウ	(N−Ⅱ)	…… 52
ミカワバイケイソウ	(EN)	……132
ミギワトダシバ	(VU)	…… 71
ミクリ	(NT)	……195
ミクリガヤ	(EN)	……156
ミコシギク	(CR)	…… 56
ミシマバイカモ	(VU)	……172
ミズアオイ	(VU)	……154
ミズオオバコ	(N−Ⅲ)	……164
ミズキカシグサ	(EN)	……156
ミスズラン	(CR)	…… 36
ミズトラノオ	(EN)	……110
ミズトンボ	(VU)	……110
ミズニラ	(VU)	……170
ミズネコノオ	(EN)	……168
ミズバショウ	(N−I)	……190
ミズマツバ	(NT)	……164
ミスミソウ	(VU)	……105
ミゾコウジュ	(NT)	……165
ミゾシダモドキ	(N−Ⅲ)	…… 47
ミツガシワ	(N−Ⅱ)	…… 55
ミツバテンナンショウ	(N−Ⅲ)	……135
ミドリワラビ	(EN)	……134
ミヤマカニツリ	(EN)	…… 96
ミヤマジュズスゲ	(VU)	……122
ミヤマスミレ	(EN)	…… 37
ミヤマツチトリモチ	(VU)	…… 38
ミヤマツメクサ	(N−Ⅱ)	…… 97
ミヤマトベラ	(VU)	……139
ミヤマニガウリ	(N−Ⅲ)	……126
ミヤマハナシノブ	(CR)	……116
ミヤマハナワラビ	(CR)	…… 94
ミヤマハルガヤ	(VU)	……123
ミヤマムギラン	(NT)	……192
ミヤマモミジイチゴ	(N−Ⅲ)	……125
ミヤマワレモコウ	(VU)	……139
ムカゴサイシン	(CR)	……136
ムカゴソウ	(VU)	……135
ムカゴツヅリ	(N−Ⅲ)	……123
ムカゴネコノメソウ	(NT)	……139
ムカゴユキノシタ	(N−Ⅲ)	……125
ムギラン	(NT)	……103
ムサシモ	(EN)	……171
ムシャリンドウ	(EN)	……127
ムラサキ	(EN)	……142
ムラサキセンブリ	(VU)	……192
ムラサキツリガネツツジ	(CR)	……127
ムラサキミミカキグサ	(VU)	…… 55
ムラサキモメンヅル	(N−Ⅱ)	…… 97
モクレイシ	(N−Ⅱ)	…… 53
モリアザミ	(NT)	……128
モロコシソウ	(N−Ⅲ)	…… 54
ヤクシマホウビシダ	(EN)	……186
ヤシャビシャク	(VU)	…… 97
ヤツガタケシノブ	(N−I)	……118
ヤナギヌカボ	(NT)	……140
ヤナギノギク	(VU)	……206
ヤブサンザシ	(VU)	……139
ヤブスゲ	(N−Ⅲ)	…… 51
ヤマアゼスゲ	(N−Ⅲ)	……137
ヤマオオウシノケグサ	(CR)	……123
ヤマジソ	(VU)	……142
ヤマシャクヤク	(NT)	……105
ヤマソテツ	(CR)	…… 34
ヤマトミクリ	(VU)	……194
ヤマナシウマノミツバ	(EN)	……130
ヤマヒョウタンボク	(N−Ⅲ)	……144
ユウシュンラン	(EN)	……116
ユキヨモギ	(VU)	…… 88
ユノミネシダ	(VU)	…… 46
ヨコグラノキ	(EN)	…… 53
ラショウモンカズラ	(VU)	…… 39
リシリカニツリ	(VU)	……124
リュウノヒゲモ	(EN)	……171
リンネソウ	(N−Ⅱ)	……129
ルリデライヌワラビ	(EN)	…… 47
レンゲショウマ	(N−Ⅲ)	…… 97
レンリソウ	(VU)	……139
ワダソウ	(N−I)	……126
ワタムキアザミ	(NT)	……128

菌類（84）

アオゾメクロツブタケ　（N–Ⅲ）……145
アオロウジ　（VU）……145
アカアシボソチチタケ（仮称）（N–Ⅲ）99
アカイカタケ　（N–Ⅲ）…… 59
アクイロウスタケ　（NT）…… 40
アケボノハリタケ　（N–Ⅲ）…… 93
アシナガイグチ　（N–Ⅲ）…… 58
アナアキアカダマタケ　（N–Ⅲ）…… 59
アバタケシボウズタケ　（EN）…… 87
アンドンタケ　（EN）…… 60
ウスキタンポセミタケ　（NT）…… 56
ウズタケ　（DD）……145
ウラムラサキシメジ　（DD）…… 58
エゾシロアミタケ　（DD）…… 41
エビタケ　（N–Ⅲ）…… 41
エブリコ　（N–Ⅲ）…… 41
オオカボチャタケ　（DD）…… 35
オオキノボリイグチ　（N–Ⅲ）…… 39
オオツガタケ　（NT）…… 98
オオムラサキアンズタケ（EN）…… 59
オオモミタケ　（NT）…… 98
オニウスタケ　（N–Ⅲ）…… 40
オニフウセンタケ　（N–Ⅲ）…… 57
カバイロオオホウライタケ（DD）… 39
カバイロコナテングタケ（N–Ⅲ）…… 57
カバノアナタケ　（N–Ⅲ）…… 99
カブラテングタケ　（DD）…… 57
カンゾウタケ　（N–Ⅲ）…… 58
カンムリタケ　（VU）…… 68
キウロコテングタケ　（NT）…… 57
キヒダイッポンシメジ　（NT）……144
クサギムシタケ　（EN）…… 56
クチキトサカタケ　（VU）…… 39
クロカワ　（NT）…… 60
ケショウシロハツ　（DD）…… 35
コウタケ　（NT）……107
コカンバタケ　（VU）…… 40
コナガエノアカカゴタケ（EN）…… 86
コブガタアリタケ　（NT）…… 39
ゴムショウロ　（N–Ⅲ）……145
サザナミイグチ　（DD）…… 59
サワフタギタケ　（N–Ⅲ）……130
シモコシ　（EN）……159
ショウロ　（DD）……159
シロアンズタケ　（N–Ⅲ）……145
シロオニタケモドキ　（N–Ⅲ）…… 57
シロコケシジミガサ（仮称）（N–Ⅲ） 71
シロシメジ　（VU）…… 58
スズキセミタケ　（EN）…… 57
スナヤマチャワンタケ　（EN）…… 88
センニンタケ　（DD）…… 41
ダイダイイグチ　（N–Ⅲ）…… 59
タヌキノショクダイ　（CR）…… 44
タルゼッタ　カティヌス（DD）…… 39
タンポタケモドキ　（VU）…… 57
チョレイマイタケ　（VU）…… 99
ツガマイタケ　（N–Ⅲ）…… 41
ツクツクボウシセミタケ（EN）…… 56
ツノシメジ　（VU）…… 34
ツヤナシマンネンタケ　（NT）…… 40
トゲミノヒメイグチ　（NT）…… 59
ナガエノウラベニイグチ（N–Ⅲ）…… 59
ヌメリアイタケ　（VU）……132
ヌメリツバイグチ　（NT）…… 40
ハイイロオニタケ　（NT）…… 57
バカマツタケ　（NT）…… 58
ハスノミクモタケ　（NT）…… 56
ハヤカワセミタケ　（EN）…… 44
ヒダホテイタケ　（DD）…… 99
ヒメウグイスイグチ　（DD）……145
ヒメサクラシメジ　（N–Ⅲ）……193
ヒョウモンウラベニガサ（DD）…… 58
ヒヨリヒメツチグリ　（EN）…… 88
フサハリタケ　（VU）…… 93
フチドリクロチチタケ　（DD）…… 60
フトクビクチキムシタケ（VU）…… 34
ベニイロクチキムシタケ（NT）…… 39
ミカワクロアミアシイグチ（N–Ⅲ）… 59
ミヤマキヒダタケ　（DD）…… 39
ミヤマムラサキフウセンタケ（N–Ⅲ）98
ムカシオオミダレタケ　（N–Ⅲ）…… 40
ヤケコゲタケ　（N–Ⅲ）…… 40

ヤシャイグチ （DD）…… 58
ルリハツタケ （N–Ⅲ）…… 60

哺乳類（25）

アズミトガリネズミ （NT）……117
オヒキコウモリ （LP）……100
カグヤコウモリ （DD）…… 41
カヤネズミ （NT）……145
カワネズミ （NT）……173
キクガシラコウモリ （NT）…… 60
クビワコウモリ （VU）…… 35
クロホオヒゲコウモリ （DD）…… 61
コキクガシラコウモリ （NT）…… 60
コテングコウモリ （DD）…… 61
チチブコウモリ （VU）…… 41
ツキノワグマ （LP） 42・99
テングコウモリ （DD）…… 61
ニホンウサギコウモリ （DD）…… 41
ニホンザル （LP）……101
ニホンリス （N–Ⅲ）……165
ノレンコウモリ （VU）……189・193
ヒナコウモリ （DD）……107
ヒメホオヒゲコウモリ （N–Ⅱ）…… 61
ホンドオコジョ （DD）……189
ミズラモグラ （DD）…… 35
ムササビ （NT）…… 61
モモジロコウモリ （NT）…… 61
モリアブラコウモリ （DD）…… 60
ユビナガコウモリ （NT）……107

鳥類（68）

アオバズク （VU）……165
アカアシシギ （VU）…… 72
アカコッコ （DD）……193
アカショウビン （VU）…… 62
アカモズ （CR）…… 63
アリスイ （NT）…… 74
イイジマムシクイ （VU）……166
イカルチドリ （NT）……194
イヌワシ （CR） 42・130
ウズラ （VU）……145
ウズラシギ （VU）……110
ウチヤマセンニュウ （VU）……166
オオアカゲラ （NT）……130
オオコノハズク （DD）…… 62
オオジシギ （N–Ⅱ）…… 61
オオセッカ （EN）……190
オオソリハシシギ （VU）…… 89
オオタカ （NT）…… 62
オオハシシギ （N–Ⅱ）…… 72
オグロシギ （VU）…… 72
オジロトウネン （VU）……110
オジロワシ （EN）……173
カンムリウミスズメ （CR）……197
キリアイ （VU）…… 74
クイナ （NT）……173
クマタカ （VU）……117
コアオアシシギ （VU）…… 72
コアジサシ （EN）……195
ゴイサギ （N–Ⅲ）……109
コジュリン （VU）…… 74
コチョウゲンボウ （N–Ⅲ）……146
コミミズク （EN）……146
ササゴイ （EN）…… 68
サシバ （VU）……132
サンカノゴイ （EN）…… 71
サンコウチョウ （NT）…… 62
サンショウクイ （EN）…… 62
シロチドリ （VU）……196
セイタカシギ （NT）…… 72
ダイシャクシギ （VU）…… 72
タカブシギ （VU）…… 74
タゲリ （NT）……154
タマシギ （VU）…… 74
チュウヒ （EN）……163
ツルシギ （EN）…… 72
トモエガモ （VU）……108
トラフズク （DD）……146
ノビタキ （N–Ⅱ）…… 63
ハイイロチュウヒ （N–Ⅱ）……146
ハチクマ （VU）…… 62
ハマシギ （VU）…… 74
ハヤブサ （VU）……180
ヒクイナ （VU）……156

ヒバリシギ （VU） ……110
フクロウ （NT） ……146
ブッポウソウ （CR） …… 44
ヘラシギ （CR） …… 87
マミジロ （VU） …… 42
ミコアイサ （NT） ……168
ミゾゴイ （EN） …… 61
ミヤマホオジロ （NT） ……147
ヤイロチョウ （EN） …… 62
ヤマシギ （DD） ……146
ヤマセミ （EN） …… 74
ヤマドリ （NT） ……165
ヨシゴイ （EN） ……109
ヨタカ （VU） ……146
ライチョウ （VU） ……184

爬虫類（6）

アカウミガメ （CR） ……112・197
オカダトカゲ （N－Ⅱ） ……166
ニホンイシガメ （NT） ……168
ニホンスッポン （DD） ……173
ニホンヤモリ （N－Ⅲ） …… 63
ヒガシニホントカゲ （N－Ⅱ） ……166

両生類（15）

アカイシサンショウウオ （CR） ……163
アカハライモリ中部日本系統 （NT） …156
アカハライモリ南伊豆集団 （LP） ……195
アズマヒキガエル （N－Ⅲ） ……166
カジカガエル （NT） ……174
タゴガエル （N－Ⅲ） …… 63
ツチガエル （NT） …… 75
トノサマガエル （NT） ……173
ナガレタゴガエル （DD） …… 63
ナゴヤダルマガエル （CR） ……166
ニホンアカガエル （VU） ……163
ネバタゴガエル （N－Ⅲ） …… 63
ハコネサンショウウオ （VU） …… 42
ヒガシヒダサンショウウオ （VU）……101
モリアオガエル （NT） ……163

淡水魚類（50）

アカザ （EN） ……155
アカメ （N－Ⅲ） ……195
アブラボテ （DD） …… 75
アマゴ（サツキマス） （VU） ……174
アユカケ（カマキリ） （VU） …… 69
イシカワシラウオ （VU） ……109
イセゴイ（ハイレン） （N－Ⅲ） …… 75
イッセンヨウジ （N－Ⅲ） …… 76
ウツセミカジカ （VU） …… 69
エドハゼ （NT） …… 78
オオウナギ （N－Ⅲ） …… 75
オオクチユゴイ （N－Ⅲ） ……175
オカメハゼ （N－Ⅲ） …… 77
カジカ （NT） ……155
カマヒレマツゲハゼ （N－Ⅲ） …… 77
カワアナゴ （N－Ⅲ） …… 77
カワバタモロコ （CR） ……174
カワムツ （N－Ⅱ） …… 75
カワヨウジ （N－Ⅲ） …… 76
カワヨシノボリ （N－Ⅱ） …… 78
ガンテンイシヨウジ （N－Ⅲ） …… 76
クルメサヨリ （DD） …… 76
クロコハゼ （N－Ⅲ） …… 78
シロウオ （CR） ……175
スナヤツメ南方種 （EN） …… 75
スナヤツメ北方種 （EN） ……174
タカハヤ （N－Ⅱ） ……174
タネハゼ （N－Ⅲ） …… 78
タモロコ （N－Ⅱ） …… 75
チチブモドキ （N－Ⅲ） …… 77
チワラスボ属の１種Ｂ （EN） …… 77
チワラスボ属の１種Ｃ （EN） …… 77
テングヨウジ （N－Ⅲ） …… 76
テンジクカワアナゴ （N－Ⅲ） …… 77
トウカイコガタスジシマドジョウ （EN） …… 75
ドジョウ （DD） ……169
トビハゼ （CR） …… 69
ナガレミミズハゼ （CR） ……201
ニシシマドジョウ （N－Ⅱ） …… 76

ニホンウナギ (EN) ……109
ヒガシシマドジョウ (N－Ⅱ) …… 76
ヒナハゼ (N－Ⅲ) …… 78
ヒモハゼ (VU) …… 77
ビリンゴ (N－Ⅱ) …… 78
ホトケドジョウ (EN) ……174
ミナミメダカ (VU) ……175
ヤマトイワナ (CR) ……110・174
ヤリタナゴ (CR) …… 68
ユウスイミミズハゼ (CR) ……175
ユゴイ (N－Ⅲ) ……175

昆虫類（172）

アイヌハンミョウ (N－Ⅲ) …… 81
アオハダトンボ (NT) …… 78
アオバヒメコメツキモドキ（DD) …147
アオヤンマ (VU) …… 79
アカイシコバネヒナバッタ（N－Ⅲ)… 99
アカマダラコガネ (N－Ⅲ) ……147
アサカミキリ (N－Ⅲ) ……101
アサマシジミ (CR) ……149
アシナガミゾドロムシ (DD) ……178
アマギクチキウマ (NT) ……202
アマギササキリモドキ (DD) ……201
アリスアトキリゴミムシ(N－Ⅲ) …… 81
イズササキリ (CR) ……177
イソハサミムシ (DD) …… 89
イトアメンボ (N－I) …… 80
ウスイロオナガシジミ (N－Ⅱ) …… 43
ウスバカマキリ (DD) ……147
ウミコオロギ（ナギサスズ）
（大崩海岸の個体群）(LP) ……196
ウミホソチビゴミムシ (DD) …… 89
ウラギンスジヒョウモン (NT) ……150
ウラジャノメ (NT) ……131
ウラナミアカシジミ (VU) 65・149
ウラナミジャノメ (EN) …… 45
エサキアメンボ (N－Ⅲ) …… 80
エゾトンボ (CR) …… 79
エゾヒメゲンゴロウ (DD) …… 82
オオイチモンジ (CR) ……185
オオイトトンボ (CR) ……176
オオオカメコオロギ (DD) ……147
オオキトンボ (CR) …… 80
オオクサキリ (N－Ⅲ) ……147
オオコブスジコガネ (EN) …… 89
オオサカアオゴミムシ (N－Ⅲ) …… 81
オオチャイロハナムグリ (DD) …… 42
オオチャバネセセリ (N－Ⅱ) ……148
オオチャバネヨトウ (EN) ……158
オオトラフトンボ (N－I) …… 79
オオヒョウタンゴミムシ (NT) ……112
オオミズスマシ (VU) ……177
オオムラサキ (N－Ⅲ) 65・150
オオルリハムシ (NT) ……133
オキナワルリチラシ (N－Ⅲ) …… 64
オツネントンボ (NT) ……175
オナガシジミ (N－Ⅱ) ……149
ガガブタネクイハムシ (NT) …… 84
カトリヤンマ (NT) ……176
カバイロシャチホコ (NT) ……151
ガマヨトウ (NT) ……158
ガムシ (NT) ……178
カワラハンミョウ (VU) …… 89
キイロサナエ (EN) …… 79
キイロヤマトンボ (CR) …… 79
キタノツブゲンゴロウ (VU) ……157
キトンボ (CR) ……177
キヌツヤミズクサハムシ (DD) …… 84
キベリクロヒメゲンゴロウ（NT)……158
キベリマメゲンゴロウ (N－Ⅲ) …… 82
キボシチビコツブゲンゴロウ（VU) 157
キボシツブゲンゴロウ (DD) …… 82
キマダラモドキ (N－Ⅱ) ……150
ギンイチモンジセセリ (N－Ⅱ) …… 64
ギンボシヒョウモン (N－Ⅲ) ……130
クギヌキハサミムシ (N－I) …… 64
クチナガコオロギ (NT) …… 63
クビグロケンモン (NT) …… 65
クビボソコガシラミズムシ（DD) … 81
クモガタヒョウモン (NT) ……150
クモマツマキチョウ (EN) 99・184
クモマベニヒカゲ (N－Ⅱ) ……131
クロゲンゴロウ (NT) …… 83

クロコブセスジダルマガムシ（DD）　89
クロシジミ（VU）……149
クロツバメシジミ（VU）……107
クロヒカゲモドキ（N－Ⅱ）……150
クロホシコガシラミズムシ（DD）…177
グンバイトンボ（CR）…… 79
ケシゲンゴロウ（N－Ⅲ）……157
ケブカマルクビカミキリ（DD）……148
ゲンゴロウ（EN）……169
コウベツブゲンゴロウ（NT）……157
コオイムシ（N－Ⅲ）…… 80
コガシラミズムシ（DD）…… 81
コガタガムシ（N－Ⅰ）…… 83
コガタノゲンゴロウ（CR）……177
コキマダラセセリ（N－Ⅱ）……148
コサナエ（VU）……176
コシロシタバ（NT）……151
コバネアオイトトンボ（CR）……175
コバンムシ（CR）……177
コヒオドシ（EN）……189
ゴマギケブカハムシ
（クロヘリウスチャハムシ）（N－Ⅲ）64
ゴマシジミ（CR）……149
コマルケシゲンゴロウ（NT）…… 82
コミズスマシ（VU）……158
コムラサキ（N－Ⅱ）…… 65
サトキマダラヒカゲ（N－Ⅲ）……150
シマゲンゴロウ（N－Ⅲ）…… 82
シュゼンジフユシャク（N－Ⅱ）……202
シワムネマルドロムシ（DD）…… 83
スジゲンゴロウ（EX）…… 82
スジヒラタガムシ（N－Ⅲ）…… 83
スナハラゴミムシ（N－Ⅲ）…… 81
スルガセモンササキリモドキ（N－Ⅲ）63
セグロイナゴ（N－Ⅲ）…… 64
セラネクイハムシ（DD）……155
ダイコクコガネ（DD）……166
タカネヒナバッタ（N－Ⅲ）42・147
タガメ（N－Ⅲ）…… 80
タベサナエ（VU）……176
ツマジロウラジャノメ（NT）…… 65
トゲムネアラゲカミキリ（DD）…… 43
トラサンドクガ（NT）……151
トラフトンボ（EN）……176
ナカイケミヒメテントウ（DD）…… 84
ニセコケシゲンゴロウ（VU）……157
ニホンカワトンボ（EN）……194
ネアカヨシヤンマ（NT）……156
ハッチョウトンボ（EN）……155
ハネナガイナゴ（N－Ⅲ）……147
ババアメンボ（DD）……157
ババスゲヒメゾウムシ（DD）…… 84
ハマベゾウムシ（NT）……181
ハヤシミドリシジミ（VU）……149
ヒゲコガネ（NT）…… 84
ヒゲナガヒラタドロムシ（N－Ⅲ）…… 84
ヒヌマイトトンボ（CR）…… 69
ヒメシジミ（EN）……133
ヒメシロチョウ（VU）……148
ヒメタイコウチ（DD）…… 80
ヒメヒカゲ（CR）…… 84
ヒメビロウドカミキリ（DD）…… 64
ヒメミズスマシ（VU）……158
ヒョウタンゴミムシ（N－Ⅲ）…… 87
ヒョウモンチョウ（CR）……149
フジアキタクロナガオサムシ（N－Ⅱ）
……193・201
フジコバネヒナバッタ（N－Ⅲ）…… 99
フジシロミャクヨトウ（NT）…… 93
フジミドリシジミ（N－Ⅲ）…… 43
フタスジサナエ（EN）……176
フタスジチョウ（VU）……130
ヘイケボタル（N－Ⅲ）……158
ベッコウトンボ（CR）……169
ベニイトトンボ（CR）……176
ベニヒカゲ（N－Ⅱ）……130
ベニモンカラスシジミ（EN）……107
ヘリグロチャバネセセリ（CR）……148
ホシチャバネセセリ（CR）……148
ホシミスジ（NT）……150
ホソハンミョウ（N－Ⅰ）…… 64
ホソミオツネントンボ（NT）……175
ホッケミズムシ（VU）……177
ホンサナエ（VU）……195

マイコアカネ (NT) …… 80
マダラコガシラミズムシ (DD) …… 81
マダラナニワトンボ (N–I) ……157
マルガタゲンゴロウ (N–I) …… 83
マルヒラタガムシ (N–III) …… 83
ミズスマシ (VU) ……177
ミゾナシミズムシ (N–III) …… 81
ミドリヒメスギカミキリ (DD) …… 42
ミヤケミズムシ (NT) ……157
ミヤマシジミ (VU) ……191
ミヤマシロチョウ (EN) ……189
ムツボシツヤコツブゲンゴロウ
(N–III) …… 82
モートンイトトンボ (VU) …… 79
ヤマキチョウ (VU) ……149
ヤマトマルドロムシ (DD) …… 83
ヤマトモンシデムシ (N–I) …… 83
ヨツボシカミキリ (VU) ……148
ヨツボシトンボ (NT) …… 79
ルイスツブゲンゴロウ (VU) ……158
ルリイトトンボ (N–I) ……156

陸・淡水産貝類（54）

イシガイ (NT) ……179
イシマキシロマイマイ (NT) …… 66
イボイボナメクジ (DD) ……151
ウスコミミガイ (VU) ……181
オオコウラナメクジ (DD) ……131
オオタニシ (NT) ……178
オオトノサマギセル (VU) 66・151
オクガタギセル (NT) …… 43
オモイガケナマイマイ (CR) ……206
カサネシタラガイ (NT) …… 66
カタマメマイマイ (EN) ……191
カタヤマガイ (EX) ……178
クチマガリスナガイ (NT) ……205
クロダカワニナ (NT) ……178
サドタカキビ (DD) ……151
シイノミミミガイ (DD) …… 89
スジキビ (NT) ……117
タケノコカワニナ (CR) ……181
タメトモマイマイ (CR) ……180
タンザワキビ (DD) …… 66
ツバクロイワギセル (VU) …… 45
トウキョウヒラマキガイ (NT) ……179
ナガオカモノアラガイ (NT) …… 84
ナガナタネガイ (VU) …… 93
ナタネガイモドキ (NT) …… 66
ナタネキバサナギガイ (NT) ……195
ノミガイ (CR) ……196
ヒダリマキモノアラガイ (CR) ……179
ヒラマキガイモドキ (NT) ……179
ヒラマキミズマイマイ (NT) ……179
ベニゴマオカタニシ (NT) ……205
ベニゴマガイ (EN) ……133
ホウライジギセル (EN) ……191
ホラアナゴマオカチグサ (NT) ……206
マイマイ属の一種 (VU) …… 43
マキスジコミミガイ (VU) …… 87
マシジミ (NT) ……169
マツカサガイ (CR) ……179
マメタニシ (EN) ……178
マルクチコギセル (DD) …… 43
マルタニシ (NT) ……178
ミカワマイマイ (EN) …… 45
ミズコハクガイ (VU) ……179
ミノブマイマイ (VU) …… 66
ミヤマヒダリマキマイマイ (NT)……133
メルレンドルフマイマイ (VU) ……201
モノアラガイ (NT) ……179
ヤセアナナシマイマイ (EN) ……151
ヤマコウラナメクジ (DD) ……131
ヤマトクビキレガイ (NT) …… 89
ヤマトシジミ (NT) ……181
ヤマママメタニシ (EN) ……117
ヨシダカワザンショウガイ (NT)……195
レンズガイ (EN) ……151

クモ類（17）

エゾコモリグモ (N–II) 43・189
エンシュウナミハグモ (N–II) ……193
オニグモ (NT) ……107
カザアナマシラグモ (N–II) ……193
カネコトタテグモ (NT) …… 65

キシノウエトタテグモ　(NT) …… 65
キヌキリグモ　(N–Ⅱ) ……185
キノボリトタテグモ　(NT) …… 66
コガネグモ　(NT) ……101
サンロウドヨウグモ　(NT) ……191
タカネエビスグモ　(N–Ⅱ) 43・189
タカネヒメグモ　(N–Ⅱ) ……189
ニシキオニグモ　(NT) …… 45
フジホラヒメグモ　(EN) ……193
ミドリアシナガグモ　(N–Ⅱ) ……185
ヤマキレアミグモ　(N–Ⅱ) ……185
ワスレナグモ　(VU) …… 65

（合計 988 種類）

〔静岡県カテゴリー一覧〕

EX：絶滅
CR：絶滅危惧ⅠA 類
EN：絶滅危惧ⅠB 類
VU：絶滅危惧Ⅱ類
NT：準絶滅危惧
DD：情報不足
LP：絶滅のおそれのある地域個体群
N–Ⅰ：要注目種　現状不明
N–Ⅱ：要注目種　分布上注目種等
N–Ⅲ：要注目種　部会注目種

『静岡県レッドデータブック』（まもりたい静岡県の野生生物）

―絶滅危惧種についての詳しい情報を紹介―

静岡県レッドデータブックでは、絶滅のおそれのある種などを「レッドリスト」として掲載し、生態や分布状況、保護方針などを紹介しています。

今、県内の生物は、本書で説明した「生物多様性にせまる４つの危機」により生存が脅かされています。

今後生物多様性を守り、保っていくためには、どのように行動すればよいのか、その基礎となる貴重な情報です。次に示すレッドデータブックが改定され発刊・公表されました。

『静岡県レッドデータブック 2019（動物編）』

哺乳類からクモ類までの８分類群が対象、474 種類を掲載

『静岡県レッドデータブック 2020（植物・菌類編）』

維管束植物と菌類（キノコ）が対象、789 種類を掲載

※公表版「植物・菌類編」「動物編」は、図書館、大学などに配布されています。また静岡県ホームページで閲覧することができます。

http://www.pref.shizuoka.jp/kankyou/ka-070/wild/red_data03.html

絶滅の危機にある しずおか野生生物図鑑

静岡県レッドデータブック普及版

定価　本体 1,364 円 + 税

令和 2 年 3 月 31 日発行

企画・編集：静岡県くらし・環境部環境局自然保護課
〒 420-8601　静岡市葵区追手町 9-6
TEL：054-221-2719　FAX：054-221-3278
E-mail：shizenhogo@pref.shizuoka.lg.jp

企画：ふじのくに地球環境史ミュージアム
〒 422-8017　静岡市駿河区大谷 5762
TEL：054-260-7111　FAX：054-238-5870
E-mail：info@fujimu100.jp

制作：株式会社環境アセスメントセンター
〒 420-0047　静岡市葵区清閑町 13-12
TEL：054-255-3650　FAX：054-253-7891
E-mail：kikaku@eac-net.co.jp

監修：静岡県レッドデータブック改訂監修委員
静岡県自然環境保護調査委員会

発行：羽衣出版
〒 422-8034　静岡市駿河区高松 3233
TEL：054-238-2061　FAX：054-237-9380
E-mail：hagoromo_syuppan@yahoo.co.jp

ISBN978-4-907118-50-1　C0045 ¥1364E